Shade 3D
ver.16 ガイドブック

shadewriters ［著］

【ダウンロードデータについて】

本書の記事をより理解するために、本書中で紹介するShadeのモデルデータを下記のWebサイトからダウンロード可能です。紙面の制作工程をお読みいただく際の参考としてご活用ください。使用にあたっては、Webサイト上にある「使用上の注意」をよくご覧いただいてからご使用ください。なお、モデルデータを配布している記事を紹介する際は、以下のようなアイコンとともに紹介します。

Model Data :モデルデータを配布していることを表わしています。

モデルデータダウンロードサイト http://www.bnn.co.jp/dl/Shade3D_16GB/

- 本書はShade3D ver.16シリーズをベースに書かれています。
- 本文中で、解説に使用しているShade製品の仕様、およびホームページのURLなどは、予告なく変更される場合がありますので、あらかじめご了承ください。
- Shadeは、株式会社Shade3Dの商標です。
- Apple、および各Apple製品の名称は、米国およびその他の国々で登録されたAppleの登録商標、もしくは商標です。
- Windowsは、米国Microsoft Corporationの米国およびその他の国における登録商標です。
- その他、本書に掲載された商品名、会社名、プログラム名などは、各社の商標または、登録商標です。本文中に、TM ®マークは表記していません。
- 本文中に記載された作業や操作は、すべて自己責任で行ってください。万一何らかの損害が生じた場合、著者ならびに出版社は一切の責任を負わないものとさせていただきます。

は　じ　め　に

本書は、Shade3D ver.16をマスターするためのガイドブックです。ver.16で搭載された新機能にも触れながら、モデリングからレンダリングまで、作品を完成するための使い方をわかりやすく解説しています。

特にShadeの魅力は、自由曲面を使ったモデリングとレンダリングの美しさです。限られた工程で複雑な立体形状が制作可能なモデリングや、写真と見違えるようなレンダリングを、初めてShadeを使う人でもつまずかないようにやさしく解説しました。本書を読み終える頃には、Shadeの操作方法が自然と身に付いているでしょう。

ver.16では、プロダクトデザインや建築パース、製造業など、ものづくりの現場で創造の可能性を拡張するための機能が強化されました。CG制作に必要となる柔軟性は維持しつつも、CADのような正確なモデリングができる機能が追加されています。本書では2D　CADデータとの連携で建築パースを制作する方法をChapter9で詳しく解説していますので、ぜひ参考にしてみてください。

Shadeはいろいろな世界で活用できるツールに進化しています。本書が、初心者からベテランユーザーまで、幅広いShadeユーザーの手助けになれば幸いです。

2016年7月　shadewriters一同

CONTENTS

Chapter 1　Shadeの基本操作　007

1-1　インターフェイスの操作方法———008

1-2　「カメラ」ウインドウでの視点操作———016

1-3　ブラウザの概念と操作———019

1-4　レンダリング操作———022

1-5　オブジェクトの移動、回転、拡大縮小———024

Chapter 2　モデリングの基本　029

2-1　モデリングに必要なインターフェイスの確認———030

2-2　線形状のモデリング———035

2-3　基本図形（長方形と円）のモデリング———042

2-4　「掃引体」と「回転体」のモデリング———044

2-5　モデリング後の形状編集———048

2-6　直線階段をモデリングする———050

2-7　螺旋階段をモデリングする———055

2-8　自由曲面のモデリング———063

2-9　「回転体」から自由曲面のモデリング———067

2-10　「掃引体」から自由曲面のモデリング———070

2-11　自由曲面の応用———076

Chapter 3　色や材質の設定　091

3-1　表面材質で様々な色や質感を設定する———092

3-2　表面材質で色を設定してみよう———094

3-3　複数の形状に同じ「表面材質」を設定する———098

3-4　光沢感の設定———105

3-5　透明感の設定———114

3-6　表面効果の設定———117

3-7　様々なテクスチャ（模様）を設定する———122

3-8　表面材質に画像を設定する———132

3-9　画像を貼る方法———140

3-10　イメージマッピングのテクニック———152

Chapter 4　カメラアングルの設定　163

4-1　カメラの基本操作———164

4-2　カメラの便利な機能———171

4-3　カメラ形状の設定———174

4-4　オブジェクトとカメラを連動させる———177

4-5　カメラアングルを調整する———181

Chapter 5　ライティングの設定　　185

5-1　ライティングの種類———— 186
5-2　「無限遠光源」の設定———— 190
5-3　「点光源」と「スポットライト」の設定———— 197
5-4　「面光源」と「線光源」の設定 ———— 200
5-5　その他の光源の設定———— 202
5-6　日照をシミュレーションできる「フィジカルスカイ」———— 203

Chapter 6　背景の設定　　207

6-1　パターンを使った背景の設定———— 208
6-2　イメージを使った背景の設定———— 221

Chapter 7　レンダリングの設定　　233

7-1　レンダリングの開始———— 234
7-2　レンダリングの設定———— 240
7-3　「基本設定」タブの設定———— 242
7-4　「イメージ」タブの設定———— 247
7-5　「大域照明」タブの設定———— 249
7-6　「効果」タブの設定———— 258
7-7　「マルチパス」タブの設定———— 260
7-8　「その他」タブの設定———— 262
7-9　実際にレンダリングしてみよう———— 265

Chapter 8　アニメーション　　275

8-1　インターフェイスの操作方法———— 276
8-2　アニメーション用インターフェイス———— 278
8-3　ジョイントを組み合せたアニメーション———— 293

Chapter 9　2D CADデータとの連携　　309

9-1　CAD側の準備———— 310
9-2　CADからのエクスポート———— 314
9-3　Shadeへのインポート———— 317
9-4　建築モデリングの基礎———— 319
9-5　インテリアモデリングの基礎———— 340

Shade3D ver.16 Guidebook

Chapter 1

Shadeの基本操作

Shadeという、とても素敵なツールを手に入れたら、すぐにでも作品を作ってみたいと思うでしょう。しかし現実の世界で絵を描く時に、「鉛筆はものを描く」「消しゴムはものを消す」と理解するように、Shadeでもその道具の役割や使い方を基本からマスターする必要があります。ここではShadeの基本的な操作方法を1から確認していきましょう。ダウンロードできる参考ファイル（リビングルーム.shd）を元に解説していきます。
——text by 戸國義直

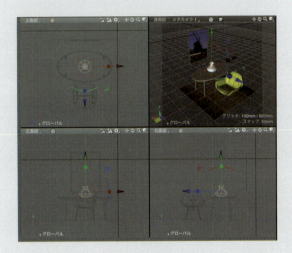

1-1 インターフェイスの操作方法

CGソフトでは3Dオブジェクトやカメラなどを、自分でモデリングしてシーンを作る必要があります。その方法を解説する前に、まずは基本となるインターフェイスの操作方法をマスターしましょう。

Model Data
当記事のShadeのシーンデータをWebページで配布しています。詳細は002ページを参照してください

〉〉〉〉〉〉〉〉「図形」ウインドウの表示の設定と操作方法

画面の中心には四分割で配置された「図形」ウインドウがあり、これらは画面の左上にある「ワークスペースセレクタ」でレイアウトを変更できます。「モデリング」「モーション」「レンダリング」などをクリックすることにより、その作業に適したウインドウのレイアウトにワンタッチで切り替えることができます。通常は「四面図」の状態で使用するのがよいでしょう。

画面左上にある「ワークスペースセレクタ」

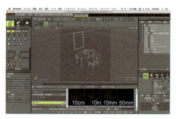
「レイアウト」を選択した状態

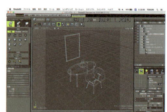
「モデリング」を選択した状態

「四面図」を選択した状態

「UV編集」を選択した状態

「スキン」を選択した状態

「モーション」を選択した状態

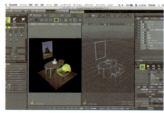
「レンダリング」を選択した状態

「3Dプリント」を選択した状態

四分割された「図形」ウインドウは、それぞれ各面から見た図になります。

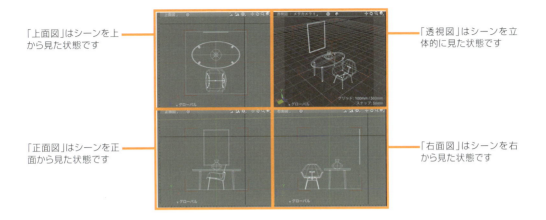

「上面図」はシーンを上から見た状態です

「透視図」はシーンを立体的に見た状態です

「正面図」はシーンを正面から見た状態です

「右面図」はシーンを右から見た状態です

TIPS

「図面切り替え」ポップアップメニューで図面を切り替える

四分割ウインドウのビューは、各図面の左上にある「図面名」をクリックして表示されるメニューから選択することができます。自分の好みに応じて変更するとよいでしょう（本書ではデフォルト設定のまま使用します）。

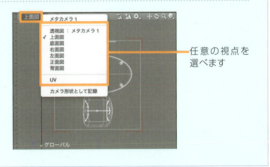

任意の視点を選べます

「図形」ウインドウの「上面図」「正面図」「透視図」「右面図」の大きさは、境界線をドラッグすることにより変更できます。

ドラッグして変更

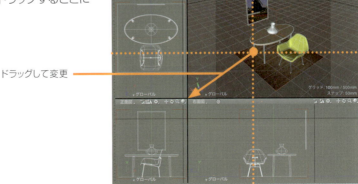

「コントロールバー」にある「図面分割コントローラ」を使うと、各面の「図形」ウインドウのビューを任意の表示に切り替えることができます。オブジェクトを拡大してモデリングしたい場合に便利な機能です。

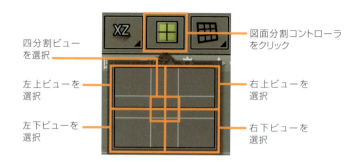

四分割ビューを選択
図面分割コントローラをクリック
左上ビューを選択
右上ビューを選択
左下ビューを選択
右下ビューを選択

「図形」ウインドウの右上には「ナビゲーションツール」があり、「スクロール」「ズーム（拡大縮小）」「回転」のアイコンが配置されています。すべてのアイコンは、ドラッグまたはクリックして操作します。「透視図」ウインドウ以外は、すべてのウインドウが連動して移動、拡大縮小、回転します。回転は、ボタンをクリックすることで視点を元の状態にリセットします。

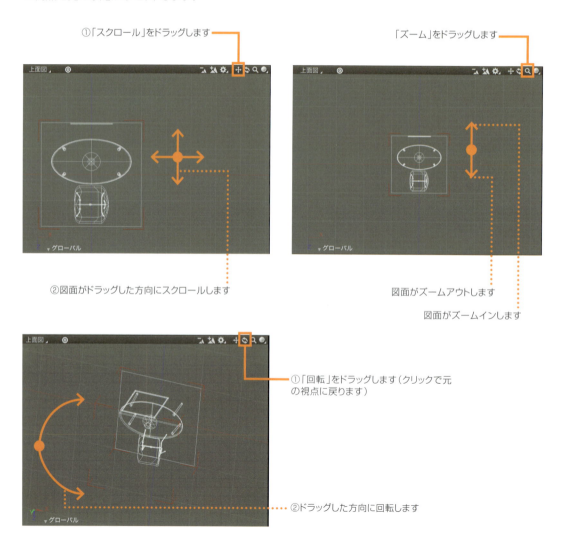

①「スクロール」をドラッグします
②図面がドラッグした方向にスクロールします

「ズーム」をドラッグします
図面がズームアウトします
図面がズームインします

①「回転」をドラッグします（クリックで元の視点に戻ります）
②ドラッグした方向に回転します

「表示切り替え」ポップアップメニューをクリックすると、初期状態のワイヤフレームで表示されている状態から作業状況に応じて表示する形式を変更できます。

「表示切り替え」ポップアップメニュー。任意の表示を選べます

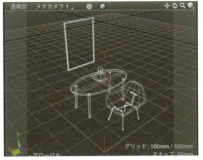

ワイヤフレーム

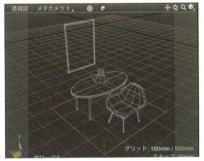

ワイヤフレーム（陰線消去）

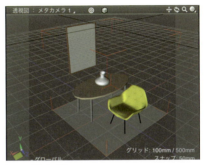

シェーディング

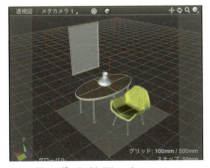

シェーディング+ワイヤフレーム

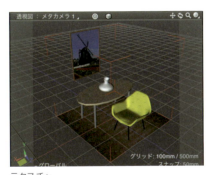

テクスチャ

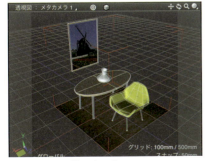

テクスチャ+ワイヤフレーム

プレビューレンダリング

「図面操作」アイコンをクリックすると、図面の表示倍率を図面や選択形状に合わせて変更したり、スクロールしたり回転させることができます。「スクロールモード」を選択すると、「図形」ウインドウを上下左右にスクロールすることができます。また、スペースキーを押している間は、スクロールモードとして画面を操作できます。

スクロール

TIPS

ズームを好みの速度に変更する

「図形」ウインドウでマウスのホイールを操作すると、拡大縮小を行うことができます。「環境設定」でズームモードを変更したり、ホイール速度を調整する項目があります。自分の好みに設定するとよいでしょう。

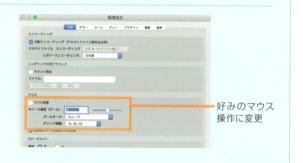

好みのマウス操作に変更

左上にある「フィットボタン」をクリックすると、今現在選択されているオブジェクトにフィットしたズーム率の表示に切り替わります。

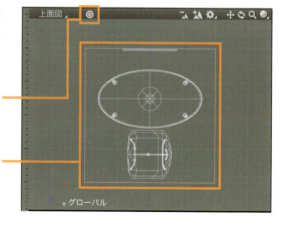

①「フィット」をクリックします

②選択オブジェクトがすべて収まる拡大率に変更されました

各種ウインドウの概要

初期起動状態や「ウインドウ」メニューから「ウインドウ位置を初期化-シングル」を選択すると、画面の左右に頻繁に使用する「ツールボックス」や「ツールパラメータ」「ブラウザ」「統合パレット」が配置されます。

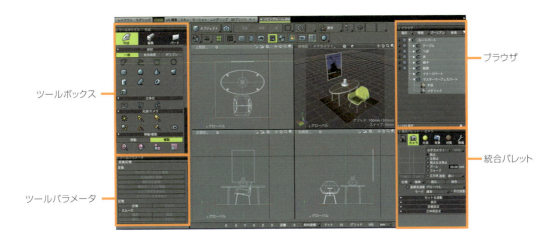

● 形状を作成、編集する「ツールボックス」

主に形状を作成、編集するための機能が揃っているウインドウです。「作成」「編集」「パート」に分かれていて、形状を作成して編集し、パートでまとめるという一連の操作を実行できます。

● 各種ツールのパラメータを編集する「ツールパラメータ」

作成や編集などの各種ツールを操作する際に、パラメータを細かく編集するためのウインドウです。また、ツールを選択していない時には、変換や記憶ツールが表示されます。

● 階層構造で形状を管理する「ブラウザ」

オブジェクト、表面材質、カメラなど、作成中のシーンで取り扱う様々な要素を、階層構造で一元管理するウインドウです。オブジェクトの選択をはじめ、表示、非表示のコントロールなども可能です。

● 5つの機能をまとめて備える「統合パレット」

カメラ、光源、背景、材質、情報の主要な5つのウインドウを切り替えて操作ができます。「統合パレット」はシングルクリックで切り離し、フローティング状態にすることも可能です。本書では必要に応じて各項目の使い方を解説していきます。

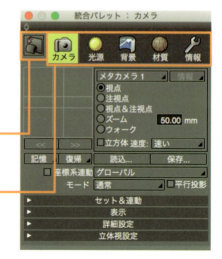

シングルクリックで切り離したり、結合ができます

各機能のアイコンをクリックして切り替えます。ダブルクリックで切り離しも可能です

TIPS

ウインドウの位置や高さを調整

標準で表示されている各種ウインドウは、シングルウインドウとしてウインドウが重なることがないように配置されています。しかし、ノートPCなどの作業範囲が限られている環境では、分割ウインドウとして切り離して使う方が便利なこともあります。その場合は、ウインドウ名が表示されている「メニューバー」をドラッグして切り離しましょう。元に戻したい場合は、メニューバーを再度ドラッグして戻します。また、シングルウインドウの境界をドラッグすると、ウインドウの大きさを調整できます。各種ウインドウを調整した後に、メインメニューの「ウインドウ」メニュー→「ウインドウ位置を初期化－シングル」を選べば、起動時と同じ配置に戻ります。

- ウインドウを折り畳む
- メニューバー
- 切り離し／連結
- 境界の調整

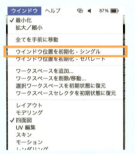

「ウインドウ位置を初期化－シングル」を選択すると、ウインドウは初期状態に戻ります

各種設定を選択する「コントロールバー」

画面の上部には「コントロールバー」があります。ここには形状操作に関わる、いろいろな機能がツールボタンとして収納されています。

コントロールバーを右クリックすると、ツールのオン、オフを切り替えるウインドウが表示されます。必要な機能のみを表示させるように設定するとよいでしょう。

1-2 「カメラ」ウインドウでの視点操作

Shadeでモデリングしたデータを絵にするためには、本物のカメラを扱うのと同じような要領で、「透視図」ウインドウの視点を操作し、アングルを決定します。ここでは統合パレットに組み込まれているカメラウインドウを使って、透視図のアングルを操作してみましょう。視点、注視点、カメラの焦点距離などを自由自在に操作できるようになれば、自分で作成した3Dモデルをより魅力的に見せることができるようになるでしょう。

〉〉〉〉〉〉〉〉 アングル設定の基本

カメラを設定する時に決定しなければならない構成要素は「視点→カメラ本体の位置」「注視点→カメラが見ているポイントの位置」「ズーム→カメラの見える範囲」の3つです。

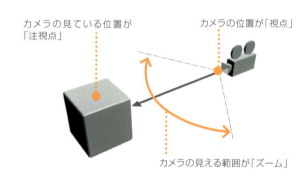

カメラの見ている位置が「注視点」

カメラの位置が「視点」

カメラの見える範囲が「ズーム」

「視点」「注視点」「ズーム」を操作する時は、ジョイスティック右にあるラジオボタンをクリックします。カメラはウインドウ左にあるジョイスティックを利用して操作します。ジョイスティックを操作する時は、必ず中心から上下左右にドラッグします。ジョイスティックの動作量は、速度のプルダウンメニューから「遅い」「速い」「最も速い」の3種類から設定でき、細かいアングル調整も可能です。カメラ操作を微調整などの理由で丁寧に行いたい時は、速度を遅くすると便利でしょう。また、「＜＜」ボタンで1つ前に設定した視点に、「＞＞」ボタンで1つ先に設定した視点に移動します。

中心からドラッグ

ラジオボタン（操作選択）

視点を戻る／進む

カメラの動作量を調整

016

〉〉〉〉〉〉〉〉〉「視点」の操作

「視点」は、カメラマンの目の位置に相当する「視点」を動かす機能です。「カメラ」ウインドウ左側のジョイスティックの中心から上下左右にドラッグすると、注視点を中心に視点が回転します。カメラ自身が動き、回り込むような動きをします。

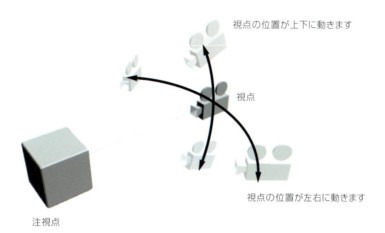

〉〉〉〉〉〉〉〉〉「注視点」の操作

「注視点」は、カメラマンの見つめる方向を動かす機能です。ジョイスティックを中心から上下左右にドラッグすると注視点が移動し、カメラが注視点に向かって首を振ります。

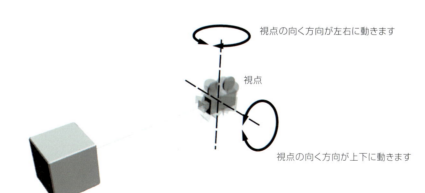

「視点&注視点」の操作

「視点&注視点」は、「視点」と「注視点」を同時に動かす機能です。「視点&注視点」を選択し、ジョイスティックを中心から上下左右にドラッグするとカメラが平行移動して視野範囲を調整できます。

注視点の向きを変えずに視点の位置が上下に動きます

視点

注視点の向きを変えずに視点の位置が左右に動きます

注視点

ズームの操作

「ズーム」は「カメラの前後移動によるズーム」と「画角の変更によるズーム」の2つがあります。カメラの前後位置を調整する場合は、ジョイスティックを中心から上下に移動します。上で前進方向に、下で後退方向にカメラが移動し、レンズの焦点距離を変更することなくズーム操作できます。画角を変更する場合は、ジョイスティックを中心から左右に移動します。左で広角方向、右で望遠方向に焦点距離が変化し、カメラの位置を変更することなくズーム操作できます。

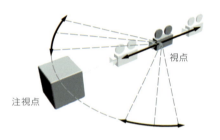
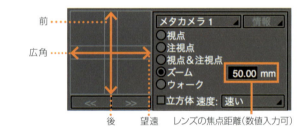

ウォークの操作

「ウォーク」は「視点」と「注視点」の高さを変えずに視野を前後左右に動かす機能です。「ウォーク」を選択し、ジョイスティックを中心から上下左右にドラッグすると、カメラ自身が動き、歩くような動きをします。

> ### TIPS
> **「図形」ウインドウ上で直接視点を操作する**
>
> 視点操作のいくつかは、「図形」ウインドウ右上のナビゲーションツールで、それぞれのボタンをドラッグすることにより、同様の操作ができます。また、ジョイスティック以外に、「透視図」ウインドウでスペースキーを押しながらドラッグすることにより、視点／注視点を操作しながらアングルを設定することも可能です。ただし、ズームについては焦点距離が変わってしまうので避けた方が無難です。なお、焦点距離は直接数値入力することができます。

1-3 ブラウザの概念と操作

Shadeの中で作成されたオブジェクトやカメラ、テクスチャなどの管理をするのが「ブラウザ」です。モデリングの際には、「ブラウザ」から形状を選択したり、削除することが多いです。基本的な使い方をしっかり覚えましょう。

》》》》》》》》 ブラウザの概念

ブラウザは、現在作成しているシーンの構造をわかりやすく表示するウインドウです。例えるなら、OSのフォルダ、すなわちディレクトリの構造とよく似ています。ブラウザは多数のオブジェクトを整理したり、オブジェクトを選択し、編集したりする際にも重要な役割を果たします。また、「図形」ウインドウとは対照的に、オブジェクトの属性や名前を手がかりに、選択や編集をすることも可能です。

Shadeの「ブラウザ」

OSのフォルダ

》》》》》》》》 パートを利用する

ブラウザの中で重要な役割を果たすのが、パートと呼ばれるものです。これはいろいろなオブジェクトを入れるための器だと考えてもらうとわかりやすいでしょう。ツールボックスの「パート」ツール→「パート」グループ→「パート」を選択して、新しいパートを作成することができます。パートには名前を付けることも可能です。

》》》》》》》 形状を整理する

パートにわかりやすい名前を付け、形状をまとめることで、シーン内の形状を整理することができます。例えば、「テーブルセット」という名前の新規パートを作成し、この中に「テーブル」「椅子」などのテーブル周辺に存在するのすべてのオブジェクトを、ブラウザ内でドラッグして入れることで、グループとしてまとめることができます。パートの内容は、パート名の左側にある三角のマーク（トグルボタン）をクリックすることで開いたり閉じたりすることができます。こまめに整理を行わないと、作成したオブジェクトの行方がわからなくなることもあるので注意が必要です。

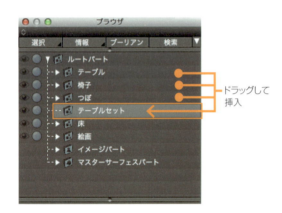
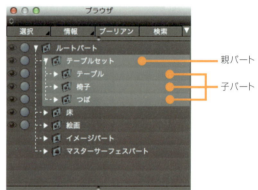

》》》》》》》 まとめて操作する

ブラウザ内でパートを選択してからまとめて移動、複製などの操作が可能です。シーンを作り込んでいくと、それに比例してオブジェクトの数も増えますので、モデリングと同時並行でパートを作成し、オブジェクトをわかりやすく整理しておくと、家具などの同じ要素（エレメント）が複数並んでいるシーンを作る時などに便利です。

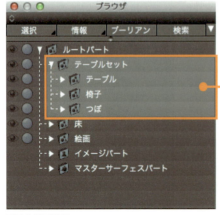
ブラウザで選択

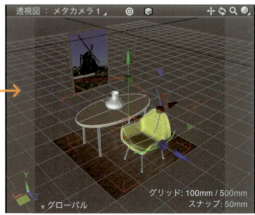
まとめて操作

》》》》》》》 属性を適用する

パートで整理しておくと、まとめて複数の形状に同じ表面材質を付ける時などにも有効です。例えば複数の形状に、同じ表面材質を設定したい時に、それぞれの形状に個別に設定する必要はありません。表面材質を設定したいパートを作り、そこに複数の形状を入れれば大丈夫です。その際はパートは階層構造になっているので、その親子関係にも注意しましょう。原則として、親パートに適用されている内容は、その下の階層の子パートにも受け継がれて適用されています。例えば、「椅子」のパートの表面材質を全削除し、木材の表面材質を適用すると、その下の階層にある「shell」「metal」「slip」「kanagu」にも適用されます。

ブラウザで選択

表面材質を設定

①全削除をクリック

②使用をクリックし「木目」を選択

すべてのパーツに同じ「木目」の表面材質が適用される

💡 TIPS

線形状や自由曲面パートの名称変更に注意

ブラウザ上で新規作成したオブジェクトやパートをダブルクリックすると、名前を付けることができます。ただし、線形状や自由曲面パートに対して、直接名前を変更することは避けた方が無難です。なぜなら、線形状や自由曲面だという属性が名前から判別できなくなってしまうからです。面倒でも必ず新規パートを作成し、それらオブジェクトをいったんパートにまとめてから名前を設定した方がよいでしょう。また、検索の機能も最大限に使いこなすには、パートに自分のわかりやすいルールで名前を付けた方がよいでしょう。

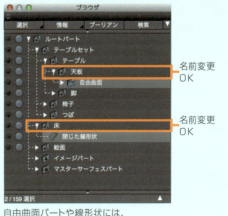

名前変更OK

名前変更OK

自由曲面パートや線形状には、原則として名前を付けません

021

1-4 レンダリング操作

Shadeで作成されたシーンのイメージを、静止画や動画として出力するためには「レンダリング」という操作が必要です。設定したシーンをカメラ操作で設定したアングルで描画する計算のことです。

〉〉〉〉〉〉〉〉 完成までのフローチャート

レンダリング作業はコンピュータとShadeが自動的に行いますので、レンダリングのコマンドを実行すれば、後はイメージウインドウ上に画像が完成するのを待つだけです。できあがった完成画像は、他のアプリケーションソフトでの編集が可能です。

作業の流れ →

モデリング

レンダリング

画像処理

〉〉〉〉〉〉〉〉 レンダリングコマンドの実行

メインメニューの「表示」メニュー→「イメージウインドウ」を選択すると、レンダリング操作をしたりその結果を表示するための「イメージウインドウ」が開きます。すべてのオブジェクトをレンダリングしたい場合は、「レンダリング」ボタンをクリックしましょう。「選択形状のみ」にチェックを入れるか、Shiftキーを押しながら「レンダリング」ボタンをクリックすると、ブラウザで選択した形状がレンダリングされます。レンダリングを途中で停止したい場合は「停止」ボタン、停止したレンダリングを再開したい場合は「再開」ボタンをクリックします。レンダリングされた結果は、イメージウインドウ全体に表示されます。

「イメージウインドウ」はメインメニューの「表示」メニュー→「イメージウインドウ」で表示されます

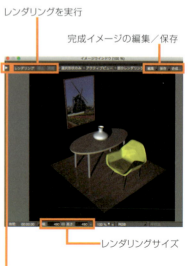

レンダリングを実行

完成イメージの編集／保存

レンダリングサイズ

レンダリングオプション

》》》》》》》 レンダリングの詳細な設定を行う「レンダリングオプション」

イメージウインドウの左上にある三角のマーク（トグルボタン）をクリックすると、レンダリングオプションを設定することができます。レンダリング手法をはじめ、出力するイメージの大きさや背景の有無などを設定することができます。「基本設定」「イメージ」「大域照明」「効果」「マルチパス」「その他」の各項目については、「Chapter 7 レンダリングの設定」で詳しく解説しています。

》》》》》》》 レンダリング画像の保存

レンダリングされたイメージを保存するためには、保存ボタンから「保存」を実行し、適切なファイルフォーマットを選択して保存します。保存された画像は、画像処理ソフトを使って再編集することができます。

💡 T I P S
効果的にレンダリングを行う方法

ショートカットキーのCtrl+R(Win)／command+R(Mac)で選択形状をレンダリング、ショートカットキーのCtrl+Shift+R(Win)／command+Shift+R(Mac)ですべての形状をレンダリングすることができます。また、イメージウインドウの右側では、レンダリング結果の情報やレンダリング履歴などを閲覧することができます（Professional版のみ）。シーンでの作業プロセスを見返す上で役立ちます。

1-5 オブジェクトの移動、回転、拡大縮小

Shadeは作成されたオブジェクトを必要に応じて移動、回転、拡大縮小しながらシーンを構成し、完成イメージに近づけていきます。ブラウザで選択したオブジェクトを移動、回転、拡大縮小するにはいくつかの方法があります。

》》》》》》》 マニピュレータを使った操作

マニピュレータを使用すると、オブジェクトを直感的に操作することが可能です。特に透視図の「図形」ウインドウで使用すると、より直感的にオブジェクトの操作を行うことが可能です。操作したいオブジェクトのパートをブラウザ上で選択すると、マニピュレータがオブジェクト上に表示されますので、それを操作します。

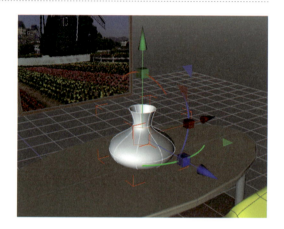

マニピュレータの矢印をドラッグすれば、X軸（赤）Y軸（緑）Z軸（青）のそれぞれの方向に直線移動できます。また、中心にあるオレンジ色の四角形の「スクリーン移動」をドラッグすれば、各「図形」ウインドウの中で自由な位置にオブジェクトを移動できます。

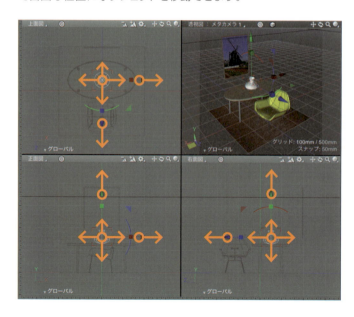

マニピュレータの円弧をドラッグすれば、X軸（赤）Y軸（緑）Z軸（青）のそれぞれの軸で、選択されているオブジェクトの中心を軸に回転できます。

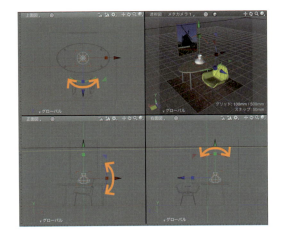

マニピュレータの小さなキューブの「軸拡大縮小」をドラッグすれば、X軸（赤）Y軸（緑）Z軸（青）のそれぞれに対して拡大縮小できます。

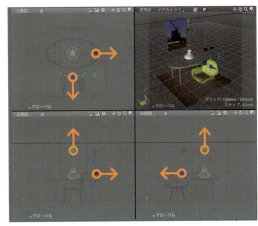

TIPS

個別の操作のみを行うマニピュレータもある

デフォルトで表示されているマニピュレータは軸移動、面移動、軸拡大縮小、スクリーン移動に対応する「統合マニピュレータ」と呼ばれていますが、それぞれ個別の操作のみを専門に行うマニピュレータも「コントロールバー」の「マニピュレータ」より切り替えることができます。

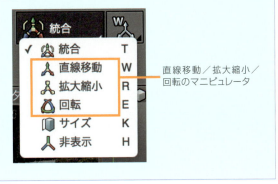

直線移動／拡大縮小／回転のマニピュレータ

025

また、マニピュレータを使った操作を、z(Win)／option(Mac)キーを押しながら行うと、オブジェクトを複製することができます。これにより、パートでまとめられたモデルを複数配置することが容易になります。等間隔で移動、回転しながら配列複製したい場合は、「ツールパラメータ」の「繰り返し」テキストボックスで設定することができます。また、「コントロールバー」にある「繰り返し」ツールでも可能です。

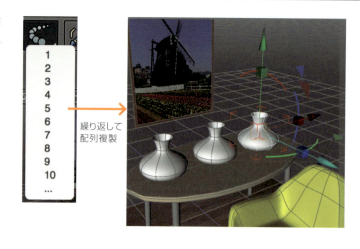

繰り返して配列複製

〉〉〉〉〉〉〉〉 ツールボックスによる操作

シーンの作成が進むにつれて「図形」ウインドウの表示は複雑になっていきます。この時、マニピュレータの表示が邪魔に感じることがあるでしょう。そんな時は、コントロールバーの「マニピュレータ」よりマニピュレータを非表示に切り替えることができます。

マニピュレータの非表示

マニピュレータを使用しない場合は、ツールボックスの「作成」タブの中から「移動／複製」のどちらかの手法を選択し、それぞれを直線移動、回転、拡大縮小することが可能です。この場合は、コマンドを選択した後に、「図形」ウインドウ上でオブジェクトをドラッグすることでコマンドを実行します。

「直線移動」では、「図形」ウインドウの平面上で、オブジェクトを自由な場所に移動することができます。

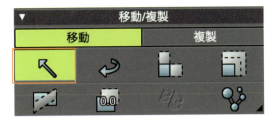

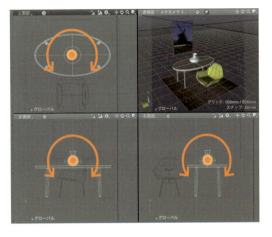

「回転」では、「図形」ウインドウの直交方向を軸にして、オブジェクトを自由に回転することができます。

「拡大縮小」では、「図形」ウインドウの平面上で、ドラッグした方向にオブジェクトを自由に拡大縮小することができます。

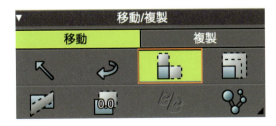

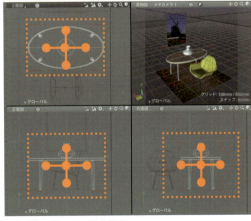

ドラッグした軸方向に拡大縮小

027

「均等拡大縮小」では、X、Y、Zそれぞれの方向に均等倍率で拡大縮小することができます。

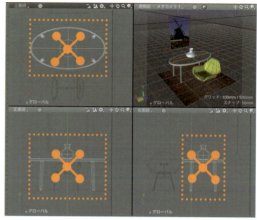

ドラッグした軸方向に均等に拡大縮小

TIPS

様々な回転、拡大縮小の方法

ツールボックスにて回転、拡大縮小を行う際は、コマンド実行前に「図形」ウインドウ上をクリックして基軸もしくは基準点を設定指示することが可能です。これによりマニピュレータでは難しい操作も実行可能となります。

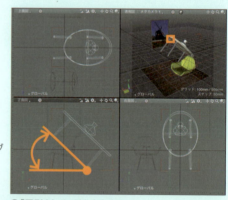

②ドラッグして回転
①「図形」ウインドウ上をクリック

また、「トランスフォーメーション」ダイアログを用いて、数値入力で直線移動、回転、拡大縮小することもできます。その際は、基軸もしくは基準点をクリックすることでダイアログが表れますので、指示する場所に注意しましょう。

①数値入力を選択

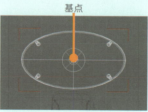

②基点をクリック

③「トランスフォーメーション」を実行

Shade3D ver.16 Guidebook

Chapter 2

モデリングの基本

モデリングとは、自分の意図する立体を組み立てる作業です。Shadeのモデリングは、平面形状を作成して立体化するのが基本の流れになります。ここではモデリングを進めていくための基本操作を解説していきます。——text by 戸國義直

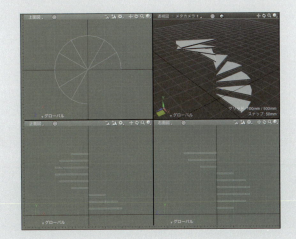

2-1 モデリングに必要なインターフェイスの確認

実際にオブジェクトを作る前に、「図形」ウインドウ、座標、3次元カーソル、ステータスバー、グリッドについて解説していきます。

⟩⟩⟩⟩⟩⟩⟩ 「図形」ウインドウと作業平面の関係

「図形」ウインドウはワークスペースセレクタで「四面図」を選択している場合、左上が「上面図」、左下が「正面図」、右下が「右面図」、右上が「透視図」となります。シーンはX、Y、Zの3次元座標で構成されていて、上面図では水平方向にX軸、垂直方向にZ軸となります。正面図と右面図は、Y軸が高さ方向となります。それぞれのビューの「図形」ウインドウ左下には各軸の＋方向に軸線が入ったガイドが表示されています。3DCGソフトの世界では作業の土台となる平面のことを「作業平面」と呼び、3次元カーソルは作業平面に合わせて動きます。「透視図」ウインドウでは、作業平面の切り替えが可能です。

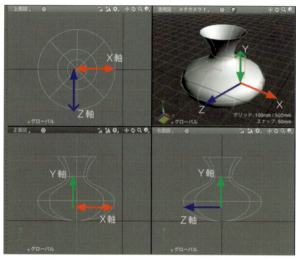

デフォルトの四面図での座標軸（矢印で示した方向が＋となります）

「図形」ウインドウに表示される
ガイド

透視図では黄色の面が作業平面となります

「四面図」のように多くの図面を表示している場合、クリックした図面の軸方向が現在の作業平面となります。例えば上面図をクリックしている場合は、X軸とZ軸で構成された平面が作業平面となります。空間に置き換えると、床をモデリングする時などに選択する平面です。

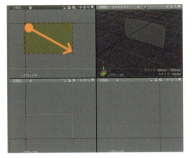
①上面図で長方形を描画

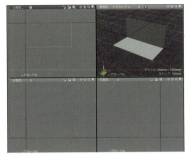
②水平面ができました

正面図の図形をクリックしている場合は、X軸とY軸で構成された平面が作業平面となります。空間に置き換えると、壁をモデリングする時などに選択する平面です。

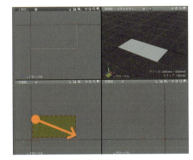
①正面図で長方形を描画

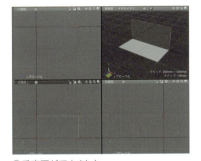
②垂直面ができました

透視図では、「図形」ウインドウ左下の「作業平面コントローラ」で作業平面を変更することができます。立体的な視点でモデリングすることが可能です。

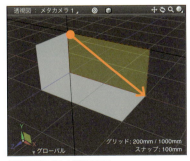
①透視図で長方形を描画

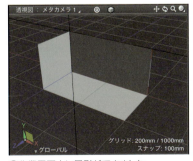
②作業平面上に図形ができました

この作業平面の概念をしっかりと頭の中で理解することが重要です。

〉〉〉〉〉〉〉 座標を設定する「3次元カーソル」

モデリングは3次元カーソルを操作して進めていきます。必要な操作は、ツールボックスから機能を選択した後に、3次元カーソルを動かしながら実行します。また、3次元カーソルの現在位置を常に把握しておくことが大切です。後に解説する「長方形」や「円」、線形状などのオブジェクトはツールボックスから機能を選択する前に設定した3次元カーソルの位置を基準に作成されるからです。例えば、下図のような空間に天井をモデリングする場合は、先に正面図もしくは右面図で天井面に3次元カーソルを合わせてからツールボックスで形状を作成する流れになります。

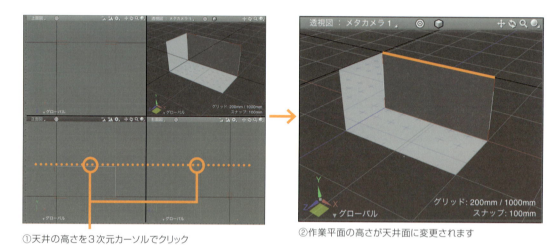

①天井の高さを3次元カーソルでクリック　　②作業平面の高さが天井面に変更されます

〉〉〉〉〉〉〉 座標を表示する「ステータスバー」

ステータスバーには、3次元カーソルの位置がリアルタイムに表示されます。ステータスバーで表示されるのは、X、Y、Zのそれぞれの数値と距離となります。

| X | 1700 | Y | 1500 | Z | 0 | 距離 | 2267 | 絶対座標 | ドット | 10 | グリッド | 100 |

3次元カーソルの現在位置

数値の単位は、「単位」ポップアップメニューで変更できます。

〉〉〉〉〉〉〉 原点からの「絶対座標」と任意のポイント座標からの「相対座標」

座標の数値表示には、「絶対座標」と「相対座標」の2種類があり、ポップアップメニューで切り替えができます。

「絶対座標」は、常に原点からの現在位置が表示されます。「グローバル座標」とも呼ばれ、シーンの基準となるものです。

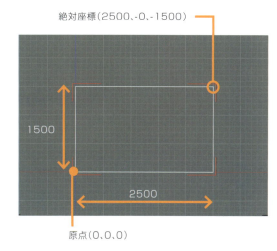

「相対座標」は、3次元カーソルで直前にクリックしたポイントからの現在位置が表示されます。原点から離れた位置にオブジェクトを作成したい時など、その都度ポイント座標を設定できるので便利です。

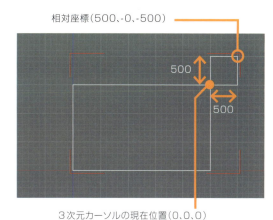

拡大率やグリッドの間隔を表示する「グリッド」と「ドット」

「グリッド」は図面上の薄い線のことで、沿うようにモデリングすることにより正確な寸法で形状を作成することが可能になります。ステータスバーのグリッド間隔は、「図形」ウインドウのズームイン・ズームアウトに従ってリアルタイムに変更されます。「ドット」は、「図形」ウインドウの現在の拡大率と捉え、この数値が低いほど、「図形」ウインドウの拡大率は高くなります。

「図形」ウインドウの拡大率　　表示グリッドの間隔

メインメニューの「図形」メニュー→「スナップ」がオンの時は、グリッド間隔の半分の値に3次元カーソルがスナップします。例えばグリッド間隔が「10」の場合は、最小5単位のオブジェクトを作成することが可能であり、「7.5」などの端数の数値があるオブジェクトは作成できません。この場合はグリッド間隔を「5」になるようにズームすれば作成が可能になります。

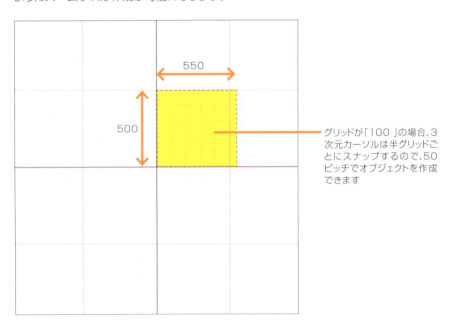

グリッドが「100」の場合、3次元カーソルは半グリッドごとにスナップするので、50ピッチでオブジェクトを作成できます

2-2 線形状のモデリング

Shadeの立体形状は平面形状を元に成り立っていると言えます。例えば、「掃引体」や「回転体」は、平面形状に厚みや回転をさせて立体形状を作成する手法です。「自由曲面」は、複数の平面形状のアウトラインをつなぎ合わせて立体形状を作成する手法です。ここでは、立体形状をモデリングする上での基本となる、様々な平面形状の作成をマスターしましょう。

〉〉〉〉〉〉〉「開いた線形状」と「閉じた線形状」

線形状には「閉じた線形状」と「開いた線形状」の2種類があります。2つの線形状は、ツールボックスの「作成」ツールを選び、いずれもクリックとドラッグを使い分けて描画していきます。「閉じた線形状」の場合は、ツールボックスの「作成」ツール→「形状」グループ→「一般」→「閉じた線形状」を選択し、「図形」ウインドウ上でポイントを順番にクリックすることで描画できます。

はじめにクリックしたポイントに戻ってくると、自動的に機能が終了し、ブラウザ上に「閉じた線形状」が作成されます。

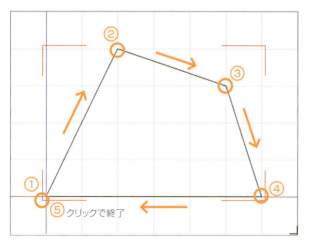

ブラウザ上で「閉じた線形状」が作成されたことを確認できます

035

次に「開いた線形状」を作成してみましょう。ツールボックスの「作成」グループ→「形状」グループ→「一般」→「開いた線形状」を選択し、「図形」ウインドウ上でポイントを順番にクリックすることで描画できます。

「開いた線形状」では、はじめにクリックしたポイントに戻ってきても機能は終了しません。Enterキーを押す、もしくは「ツールパラメータ」の確定ボタンを押すことで終了します。また、ダブルクリックでも終了させることができます。ブラウザ上に「開いた線形状」が作成されます。

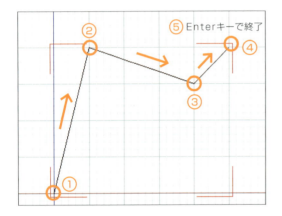

ブラウザ上で「開いた線形状」が作成されたことを確認できます

TIPS

「閉じた線形状」と「開いた線形状」の違い

「閉じた線形状」と「開いた線形状」で同じ形を作成し、レンダリングして比較してみましょう。「閉じた線形状」には面が張られていますが、「開いた線形状」には面がありません。「開いた線形状」は、後ほど解説する「掃引体」や「回転体」を実行することにより面を張ることができます。「閉じた線形状」は、掃引体や回転体を実行しなくてもそれだけで紙のような立体として存在することができます。もちろん、「掃引体」や「回転体」を実行することでも、ボリュームのある立体形状に変化させることが可能です。

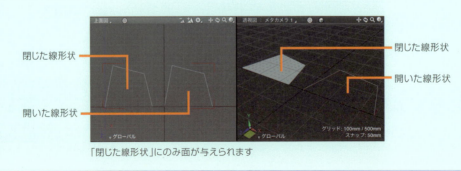

「閉じた線形状」にのみ面が与えられます

曲線の描画

線形状はベジェ曲線を使い、コントロールポイントとハンドルを操作することで曲線を描画することができます。まずはツールボックスから「開いた線形状」を選択して、ジグザグを描いてみましょう。ジグザグはポイントをクリックしていくだけで描けます。

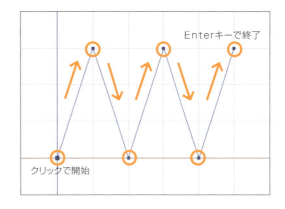

次に波を描いてみましょう。同じようにポイントを指示していくのですが、ポイントをクリックするのではなく、進行方向にドラッグしましょう。ポイントからハンドルが出現し、そのハンドルを伸ばすことで柔らかいカーブを描いた曲線を描くことができます。

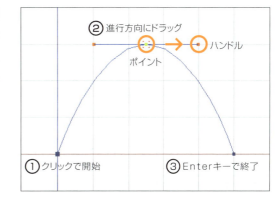

ジグザグで指示したポイントと同じ場所で、進行方向にドラッグしてみましょう。波を描くことができます。

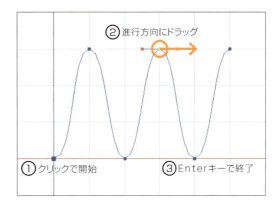

> **TIPS**
>
> ### ハンドルの長さとカーブの角度の関係
>
> ハンドルを伸ばす時に、ドラッグした長さの分だけカーブの曲がり角度は急になります。伸ばしすぎずに適度なカーブを描くように、ハンドルの方向と長さを調整しましょう。

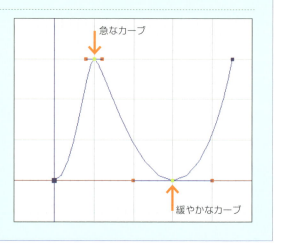

》》》》》》》 曲線の編集

描いた曲線は、後で編集することも可能です。「閉じた線形状」で適当な曲線を描いた後、コントロールバーの編集モードを「オブジェクトモード」から「形状編集モード」に変更します。

3次元カーソルでポイントをクリックすると、そのポイントが選択でき、ハンドルがある場合は同時に表示されます。ポイントおよびハンドルは3次元カーソルでドラッグすることで、位置を移動したりハンドルの長さや方向を変更することができます。

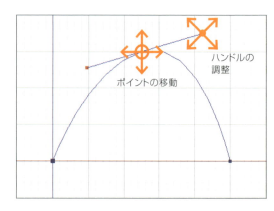

ハンドルを持つスムーズポイントからハンドルを削除すると、コーナーポイントへと変更することができます。x(Win)／command(Mac)キーを押しながらハンドルの先端をクリックすると、ハンドルを削除することができます。

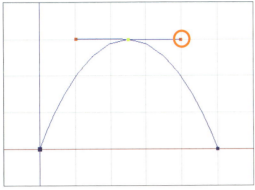

①ハンドルをx(Win)／command(Mac)キー+クリック

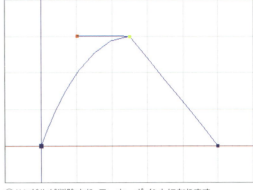

②ハンドルが削除され、コーナーポイントになります

ハンドルを持たないコーナーポイントからハンドルを出すには、z(Win)／option(Mac)キーを押しながらポイントをドラッグします。ハンドルが現れ、ドラッグした量に応じて曲率が変化します。

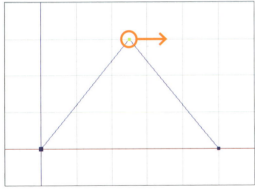

①ポイントをz(Win)／option(Mac)キー+ドラッグ

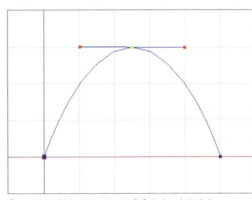

②ハンドルが追加され、スムーズポイントになります

また、ハンドルを編集する際に、z(Win)／option(Mac)キーを押しながらハンドルの先端をドラッグすると、ハンドルの連結を解除することができます。

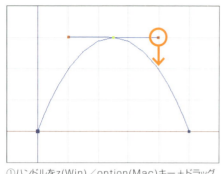
①ハンドルをz(Win)／option(Mac)キー＋ドラッグ

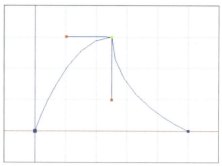
②ハンドルの連結が解除され、コーナーになります

描画した線形状は、後からコントロールポイントを追加／削除することも可能です。ポイントを追加する時は、x+z(Win)／command+option(Mac)キーを両方同時に押しながら、パスを横切るように追加したい位置をドラッグします。

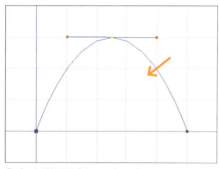
①パスを横切るようにx+z(Win)／
command+option(Mac)キー＋ドラッグ

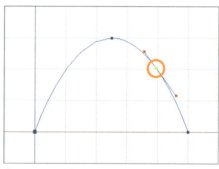
②コントロールポイントが追加されます

コントロールポイントを削除する時は、x+z(Win)／command+option(Mac)キーを両方同時に押しながら、削除したいポイントをクリックします。

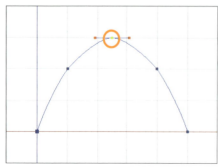
①削除したいポイントをx+z(Win)／
command+option(Mac)キーでクリック

②コントロールポイントが削除されます

TIPS

線形状を滑らかにする

コントロールポイントはハンドルを持つスムーズポイントと、ハンドルを持たないアンスムーズポイントの2つがあります。それぞれのポイントは、ツールボックスの「編集」ツール→「線形状」→「編集」グループ→「スムーズ」または「アンスムーズ」で、瞬時に切り替えることができます。

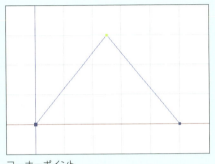

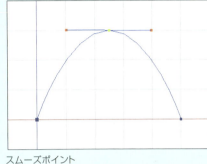

コーナーポイント　　　　　　　　　　　　　スムーズポイント

また、ツールボックスの「編集」ツール→「線形状」→「編集」グループ→「アイロン」を選択すると、前後の2つのポイントと均等な位置にコントロールポイントを移動してくれます。

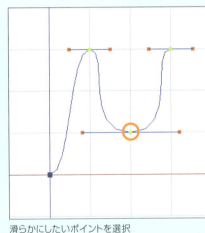

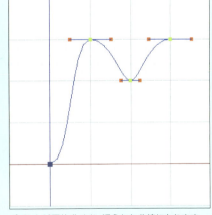

滑らかにしたいポイントを選択　　　　　　　ポイントが平均化され、滑らかな曲線になります

これらの曲線の作成と編集の操作で自由に線形状を描けるようになり、容易に自分の求める平面形状をモデリングすることが可能となることでしょう。また、これらの操作が後ほど解説する自由曲面でのモデリングでも必要不可欠となります。じっくりと取り組んでほしい項目です。

2-3 基本図形（長方形と円）のモデリング

ツールボックスの形状作成には、「平面形状」と「立体形状」の2種類があり、「平面形状」の中でも「長方形」と「円」は非常によく使う機能です。ここでは、「長方形」と「円」について紹介します。

>>>>>>>> 長方形の描画

STEP 1

「長方形」と「円」は、平面形状のモデリングの中でも比較的多く作成される形なので、基本図形としてツールボックスに単独の機能が搭載されています。平面形状として作成できるのは、先に解説した2つの線形状と、これから解説する「長方形」と「円」だけです。

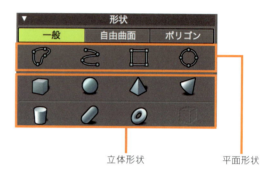

立体形状　　平面形状

STEP 2

ツールボックスの「作成」ツール→「形状」グループ→「一般」→「長方形」を選択します。

STEP 3

「図形」ウインドウ上で、3次元カーソルを使って対角線にドラッグすれば、長方形が作図されます。Shiftキーを押しながら作図すれば、正方形が作図できます。ブラウザ上は「閉じた線形状」として追加されます。

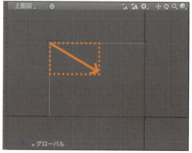 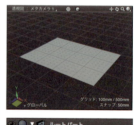

①対角線にドラッグします　　②ブラウザ上では「閉じた線形状」が確認できます

》》》》》》》》 円の描画

STEP 1

ツールボックスの「作成」ツール→「形状」グループ→「一般」→「円」を選択します。

STEP 2

「図形」ウインドウ上で中心から半径の距離までドラッグすれば、円が作図されます。この機能で作図される円は、必ず正円になります。ブラウザ上では「円」として追加されます。

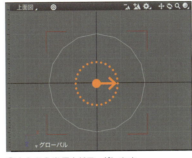
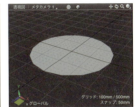

①中心から半径をドラッグします
②ブラウザ上では「円」が確認できます

TIPS

円を「形状情報」ウインドウで楕円に変更

円を楕円にしたい場合は、作図後に統合パレットの「形状情報」ウインドウ→「円属性」グループ→「半径」で設定を変更するか、コントロールバーで編集モードを「形状編集」モードに変更し、ポイントの位置を移動するとよいでしょう。

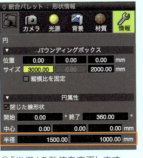
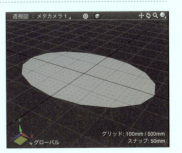

①「半径」の数値を変更します
②楕円に変更しました

043

2-4 「掃引体」と「回転体」のモデリング

作成した平面形状は、ツールボックスの「掃引体」や「回転体」を実行することで立体化することができます。平面形状と「掃引体」や「回転体」を組み合わせることによって、作成できる形状の種類を飛躍的に増やすことができます。

〉〉〉〉〉〉〉〉「掃引体」の作成

STEP 1

平面形状に厚みを与え、一定方向に押し出された形状のことを「掃引体」と呼びます。

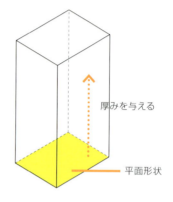

STEP 2

掃引体を作成するために、まずは適当な形の平面形状を準備します。

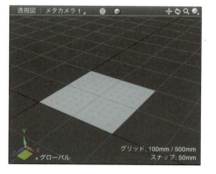

STEP 3

ブラウザで作成した平面形状を選択し、ツールボックスの「編集」ツール→「共通」→「立体化」グループ→「掃引体」を選択します。

STEP 4

掃引したい形状を、「図形」ウインドウ上で3次元カーソルを使ってドラッグします。すると、ドラッグした移動量の厚みが与えられた「掃引体」が作成されます。「閉じた線形状」に「掃引体」を実行した場合は、ブラウザ上の形状名は「閉じた線形状の掃引体」に変更されます。

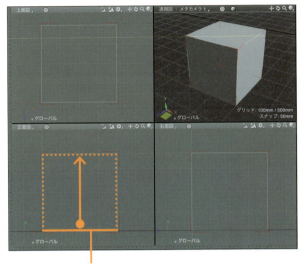

②ブラウザ上では「閉じた線形状の掃引体」が確認できます

①任意の厚みになるよう掃引します

TIPS

「掃引体」の平面形状と厚みの関係

「掃引体」は、平面形状を描いた図形を垂直方向から見た図面で実行するのがポイントです。例えば、正面図で平面形状を作図した場合は、上面図で「掃引体」を実行しましょう。

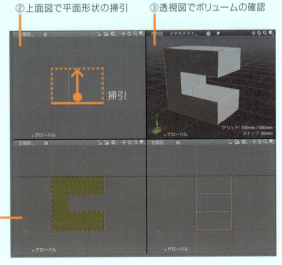

②上面図で平面形状の掃引
③透視図でボリュームの確認
①正面図で平面形状を作図

045

》》》》》》「回転体」の作成

STEP 1

「回転体」とは、平面形状で描かれた断面図形を、軸回転させて立体化した形状のことです。

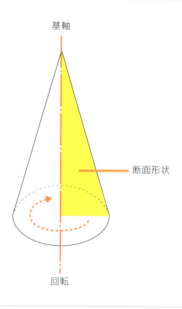

STEP 2

回転体を作成するために、まずは断面図形となる適当な形の平面形状を準備します。ブラウザで作成した平面形状を選択し、断面図形の奥行きと同じ位置に3次元カーソルを設定します。

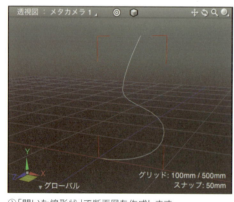

①「開いた線形状」で断面図を作成します

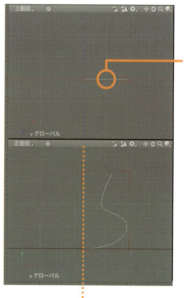

②断面形状に3次元カーソルの位置を合わせてクリックします

回転軸

STEP 3

ツールボックスの「作成」ツール→「立体化」グループ→「回転体」を選択します。

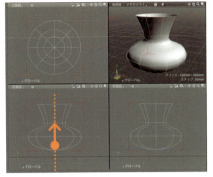

STEP 4

中心となる軸を、「図形」ウインドウ上で3次元カーソルを使ってドラッグすると、回転体が作成されます。「開いた線形状」に「回転体」を実行した場合は、ブラウザ上の形状名が「開いた線形状の回転体」に変更されます。

①回転軸を指示

②ブラウザ上では「開いた線形状の回転体」が確認できます

TIPS

回転体の断面形状と回転軸の関係

回転体は、断面図形となる平面形状が描かれている図面で実行するのがポイントです。例えば、上面図で断面図形を作図した場合は、同じ上面図で実行します。また、中心となる軸をドラッグで指示する前に、3次元カーソルの位置が断面図形と同じ奥行きの位置に設定できているかどうかも、正確にモデリングするためのポイントです。中心軸の位置が合っていないと大きさの異なる回転体が作成され、自分の意図しないモデリング結果となるので注意が必要です。

①上面図で断面形状の作図
③上面図で断面形状の回転
④透視図でボリュームの確認

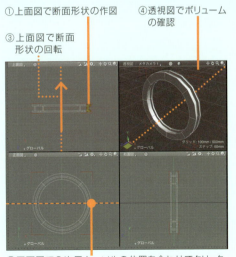

②正面図で3次元カーソルの位置を合わせてクリックします

047

2-5 モデリング後の形状編集

「円」や「球」、「掃引体」や「回転体」を実行して作成したオブジェクトは、「形状情報」ウインドウで掃引の高さや回転の角度などを編集することができます。ここでは「掃引体」や「回転体」で作成した形状の編集方法を解説します。

》》》》》》》「掃引体」を形状情報で編集

STEP 1

「掃引体」の掃引の長さや方向を変更してみましょう。ブラウザ上で、編集したい掃引体を選択します。統合パレットの「形状情報」ウインドウを表示し、「掃引」グループの「方向」テキストボックスの数値を変更します。

厚み方向の数値のみ変更

STEP 2

「方向」テキストボックスは左からX、Y、Zのサイズに当たります。数値を修正し、編集を完了します。

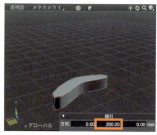
①形状変更前の状態

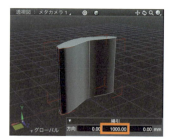
②Yの数値を変更して、形状の高さを変更しました

》》》》》》》「回転体」を形状情報で編集

STEP 1

「回転体」の角度を変更してみましょう。ブラウザ上で、編集したい回転体を選択します。統合パレットの「形状情報」ウインドウを表示し、「回転体」グループの「開始」と「終了」の数値を変更します。

「開始」と「終了」の角度を変更できる

STEP 2

「開始」と「終了」に数値を入力し、編集を完了します。

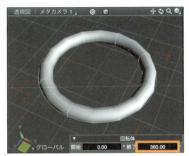
①形状変更前の状態

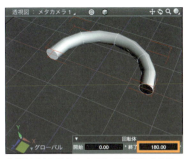
②「終了」の数値を変更して回転の角度を変更しました

》》》》》》》 立体化を取り消す「復帰」機能

STEP 1

一度「掃引体」や「回転体」を実行した形状は、平面形状に戻すことができます。ブラウザ上で、平面形状に戻したい「掃引体」や「回転体」を選択し、ツールボックスの「作成」ツール→「立体化」グループ→「復帰」を選択します。

復帰ボタン

STEP 2

「掃引体」や「回転体」は機能を実行する前の平面形状に戻ります。ブラウザ上でも、「復帰」を実行したオブジェクトは、元の平面形状の名前に自動的に戻ります。

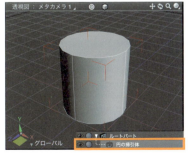
①復帰実行前の状態

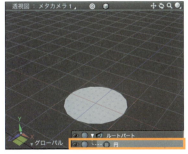
②「復帰」を実行し、「掃引体」を平面形状に戻しました

2-6 直線階段をモデリングする

これまで解説したモデリングの基礎の復習として、階段の作成を解説します。直線階段の作成では、四分割ウインドウのすべてを駆使しながらシーンを構築することで、座標軸と3次元カーソルの操作を感覚的にマスターしていきましょう。

直線階段の作成

STEP 1

直線階段の作成では、「長方形」を中心に、「閉じた線形状」のみで階段を作成します。階段の詳細寸法は、幅が1,000mm、蹴上、踏面ともに250mmの4段です。

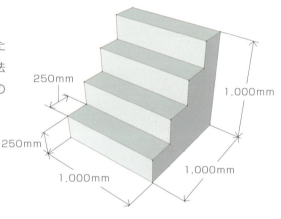

STEP 2

新規シーンを作成します。上面図、正面図、右面図のドットが「5」になるまでズームインします。

「ドット」を調節し、単位を「mm」に設定します

STEP 3

上面図のX軸上に3次元カーソルの位置を合わせてクリックします。

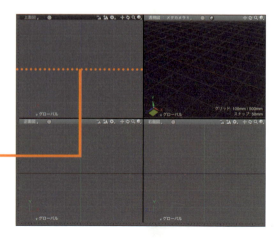

上面図のX軸上に3次元カーソルの位置を合わせてクリックします

STEP 4

ツールボックスの「作成」ツール→「形状」グループ→「一般」→「長方形」を選択します。正面図で原点からドラッグを開始し、X＝1,000mm、Y＝250mmの長方形を作成します。ブラウザ上では「閉じた線形状」が作成されました。これが1段目の蹴上になります。

①ツールボックスの「長方形」を選択します

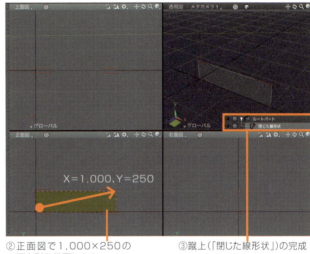

②正面図で1,000×250の長方形を描画します
③蹴上（「閉じた線形状」）の完成

STEP 5

透視図のズームをコントロールし、「図形」ウインドウにオブジェクト全体が入るようにします。透視図は、見やすいポジションになるように常に調節を行います。「表示切り替え」ポップアップメニューをクリックし、「シェーディング」や「テクスチャ＋ワイヤフレーム」など形状の状態が確認しやすいプレビューを選択します。

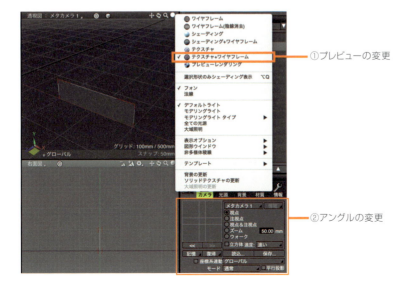

①プレビューの変更

②アングルの変更

051

STEP 6

正面図の1段目の上端（Y＝250）に3次元カーソルの位置を合わせてクリックします。

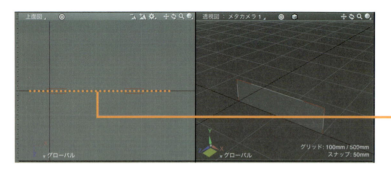

正面図のY＝250の位置に3次元カーソルの位置を合わせてクリックします

STEP 7

ツールボックスの「作成」ツール→「形状」グループ→「一般」→「長方形」を選択します。上面図で原点からドラッグを開始し、X＝1,000mm、Z＝-250mmの長方形を作成します。「ブラウザ」上では2枚目の「閉じた線形状」が作成されました。これが1段目の踏面になります。

①ツールボックスの「長方形」を選択します

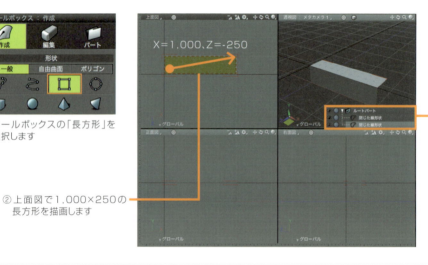

②上面図で1,000×250の長方形を描画します

③踏面（「閉じた線形状」）が完成しました

STEP 8

ブラウザ上で2枚の「閉じた線形状」を両方選択します。複数のオブジェクトを同時に選択する時は、Ctrl(Win)／command(Mac)キーを押しながら1つずつクリックします。

蹴上と踏面の両方を選択

STEP 9

ツールボックスの「作成」ツール→「移動/複製」グループ→「複製」→「直線移動」を選択します。右面図で、蹴上と踏面を同時に動かしながら複製します。原点からドラッグし、Y＝250mm、Z＝-250mmの位置に複製して、2段目の蹴上、踏面を複製します。ブラウザ上では、4枚の「閉じた線形状」が作成されます。

①ツールボックスの「複製」の直線移動を選択します

③一段目がコピーされ、2段目が完成しました

② 右面図の原点からY＝250、Z＝-250に直線移動で複製します

STEP 10

先ほど実行した「複製」→「直線移動」をコントロールバーの「繰り返し」で、配列複製していきます。「繰り返し」をクリックし、繰り返し回数「2」を選択します。これで一気に4段目までの蹴上、踏面が作成されます。

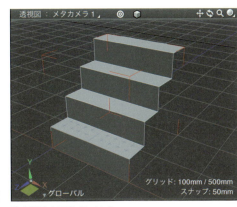

①「繰り返し」から「2」を選択します

②4段目まで完成しました

053

 **STEP 11**

上面図の踏面の右図面(X=1,000)に3次元カーソルの位置を合わせてクリックします。

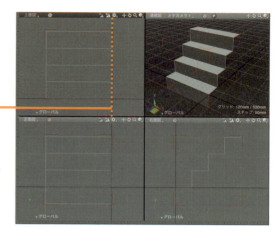

上面図のX=1,000に3次元カーソルの位置を合わせてクリックします

 STEP 12

右面図で階段の側面壁を作図します。ツールボックスの「作成」ツール→「形状」グループ→「一般」→「閉じた線形状」を選択します。原点からクリックを開始し、階段側面の各ポイントをクリックしていきます。原点に戻ると、自動的に作図が完了し、側面の壁が作成されます。

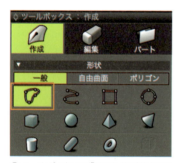

①ツールボックスの「閉じた線形状」を選択します

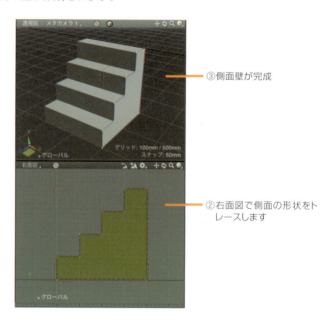

③側面壁が完成

②右面図で側面の形状をトレースします

以上で直線階段の作成はほぼ完了です。モデリングでの基本となる「図形」ウインドウと3次元カーソルの操作が、感覚的に理解できたと思います。余裕があれば段数を増やしたり、壁、床、天井などをモデリングし、空間としてのシーンを完成させましょう。

2-7 螺旋階段をモデリングする

螺旋階段の作成では、掃引体で作成したオブジェクトを「形状情報」ウインドウで変更したり、「トランスフォーメーション」を使用した配列複製を行いながらシーンを構成していきます。

》》》》》》》》 踏み板の作成

STEP 1

半径が1,000mm、30度の角度を持つ円弧状の踏み板(厚み30mm)、200mmの蹴上が9段の階段を作成します。

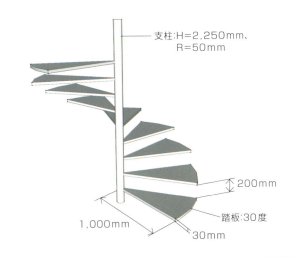

支柱：H=2,250mm、R=50mm
200mm
1,000mm
30mm
踏板：30度

STEP 2

新規シーンを作成します。上面図、正面図、右面図のドットが「10」になるまでズームインします。

X 0 Y 0 Z 0 距離 0 絶対座標 | ドット 10 グリッド 100 mm |

「ドット」を調節し、単位は「mm」に設定します

STEP 3

正面図のX軸上に3次元カーソルを合わせてクリックします。

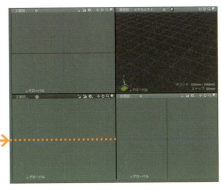

正面図のX軸上で3次元カーソルの位置を合わせてクリックします

STEP 4

ツールボックスの「作成」ツール→「形状」グループ→「一般」→「円」を選択します。上面図の原点からドラッグを開始し、適当な大きさの円を作成します。「ブラウザ」には円が作成されました。

①ツールボックスの「円」を選択します

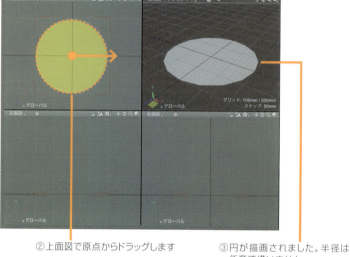

②上面図で原点からドラッグします　③円が描画されました。半径は任意で構いません

STEP 5

ブラウザで作成した「円」を選択し、統合パレットの「形状情報」ウインドウを開きます。「円属性」グループの「終了」テキストボックスに「30」、「半径」テキストボックスに左から「1000」「1000」を入力します。これで踏み板となる平面形状が完成します。

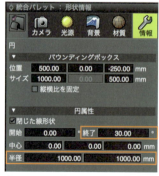

①形状情報の「終了」、「半径」を変更します

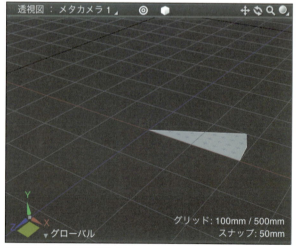

②踏板の平面形状が完成しました

STEP 6

踏み板の平面形状を選択し、ツールボックスの「編集」ツール→「共通」→「立体化」グループ→「掃引体」を選択します。正面図で3次元カーソルを高さ方向（Y軸）に任意の長さでドラッグし、掃引体を作成します。

①ツールボックスの「掃引」を選択します

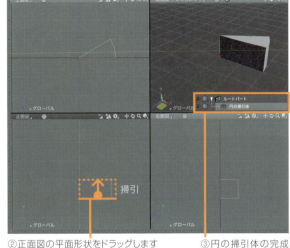

②正面図の平面形状をドラッグします　③円の掃引体の完成（厚みは任意）

STEP 7

ブラウザで作成した「円の掃引体」を選択し、統合パレットの「形状情報」ウインドウを開きます。「掃引」グループの「方向」テキストボックスに左から「0」「30」「0」を入力します。これで踏み板に30mmの厚みを加えることができました。

①形状情報の「方向」の中央のテキストボックスに「30」を入力します

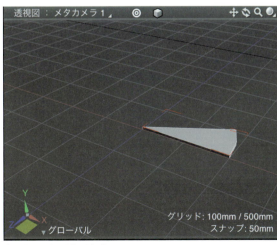

②踏板の最終形状が完成

STEP 8

ブラウザで作成した踏み板を選択します。ツールボックスの「作成」ツール→「移動/複製」グループ→「移動」→「数値入力」を選択します。上面図で、踏み板の円の中心となる部分をクリックします。

①「移動」→「数値入力」を選択します

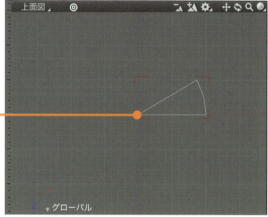

②基準点をクリック

STEP 9

「トランスフォーメーション」のダイアログが表示されますので、「拡大縮小」「回転」「直線移動」の各パラメータに数値を入力します。

・「拡大縮小」に「1」「1」「1」
・「回転」に「0」「0」「0」
・「直線移動」に「0」「170」「0」

これで1段目の踏み板が正しい位置に配置されます。

①「直線移動」に「0」「170」「0」を数値入力します

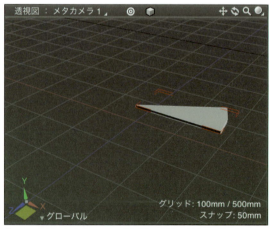

②1段目を正しい高さに移動しました

STEP 10

ブラウザで作成した踏み板を選択します。ツールボックスの「作成」ツール→「移動/複製」グループ→「複製」→「数値入力」を選択します。上面図で、踏み板の円の中心となる部分をクリックします。

①「複製」→「数値入力」を選択します

②基準点をクリックします

STEP 11

「トランスフォーメーション」のダイアログが表示されますので、「拡大縮小」「回転」「直線移動」の各パラメータに数値を入力します。

・「拡大縮小」に「1」「1」「1」
・「回転」に「0」「30」「0」
・「直線移動」に「0」「200」「0」

これで2段目の踏み板が作成されます。

①「回転」に「0」「30」「0」、「直線移動」に「0」「200」「0」を入力します

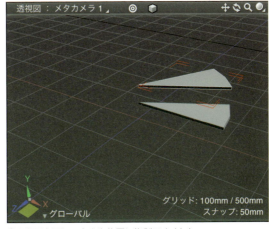

②2段目を正しい高さや位置に複製できました

059

STEP 12

先ほど実行した「複製」→「数値入力」をコントロールバーの「繰り返し」で、配列複製していきます。「繰り返し」をクリックし、繰り返し回数「7」を選択します。これで一気に9段目までの踏み板が作成されます。

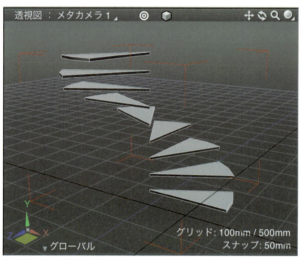

①「繰り返し」から「7」を選択します　②9段目まで完成しました

STEP 13

正面図で3次元カーソルの位置をX軸上に合わせてクリックします。

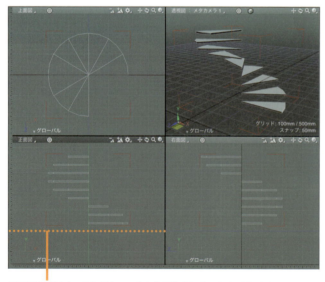

正面図のX軸上で3次元カーソルの位置を合わせてクリックします

STEP 14

ツールボックスの「作成」ツール→「形状」グループ→「一般」→「円」を選択します。上面図で原点からドラッグを開始し、適当な大きさの「円」を作成します。ブラウザ上には「円」が作成されます。

①ツールボックスの「円」を選択します

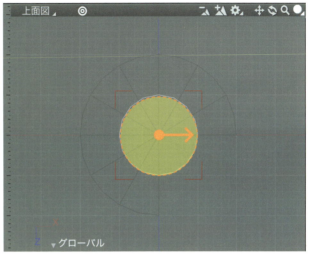

②上面図で円を描画します。半径は任意で構いません

STEP 15

ブラウザで作成した「円」を選択し、統合パレットの「形状情報」ウインドウを開きます。「円属性」グループの「半径」テキストボックスに「50」「50」を入力します。これで支柱となる平面形状が完成します。

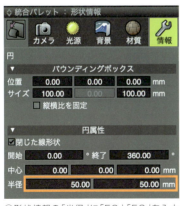

①形状情報の「半径」に「50」「50」を入力しました

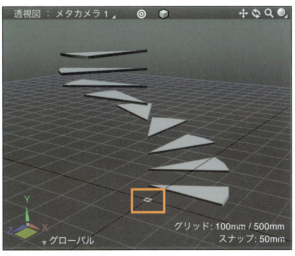

②支柱の平面形状が完成しました

STEP 16

支柱の平面形状を選択し、ツールボックスの「編集」ツール→「共通」→「立体化」グループ→「掃引体」を選択します。正面図で高さ方向（Y軸）に任意の長さでドラッグし、掃引体を作成します。

①ツールボックスの「掃引体」を選択します

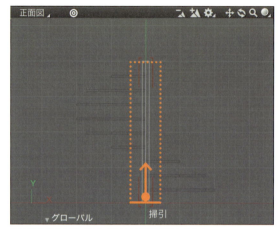
②正面図で掃引します。高さは任意で構いません

STEP 17

ブラウザで作成した円の掃引体を選択し、統合パレットの「形状情報」ウインドウを開きます。「掃引」グループの「方向」テキストボックスに、左から「0」「2250」「0」を入力します。これで支柱の高さが2,250mmとなります。

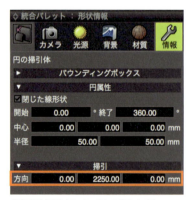
①「形状情報」ウインドウの「方向」を「0」「2250」「0」に変更します

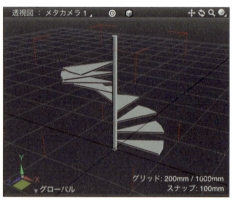
②支柱の最終形状が完成しました

以上で螺旋階段の作成は完了です。作成したオブジェクトを「形状情報」ウインドウで変更していくことにより、効率的なモデリングが可能となることが理解できたと思います。

2-8 自由曲面のモデリング

Shadeにはたくさんのプリミティブ形状や平面形状から掃引体や回転体といった形状の制作のほかに、「自由曲面」と呼ばれる独自のモデリング手法も搭載されています。自由曲面は、ドロー系のソフトでよく使われるベジェ曲線を使った手法です。自由曲面の原理をしっかりと理解することで、複雑な三次元曲面を自由自在にモデリングすることができるようになります。ここでは自由曲面の原理から、その形状を作成、編集するための基本操作を解説していきます。

〉〉〉〉〉〉〉〉 自由曲面の原理

STEP 1

自由曲面には専用のパートが用意されています。「自由曲面」パートに線形状を入れて、その内容を確認してみましょう。次のステップから具体的な作り方を解説します。

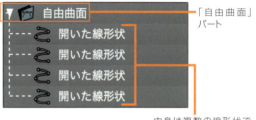

「自由曲面」パート

中身は複数の線形状で構成されます

STEP 2

ツールボックスの「作成」ツール→「形状」グループ→「一般」→「長方形」を選択して、上面図に正方形を描きます。できあがった「閉じた線形状」を正面図で適度な高さに2枚複製します。3枚のうち、中間の高さの「閉じた線形状」を、「均等拡大縮小」で小さくします。

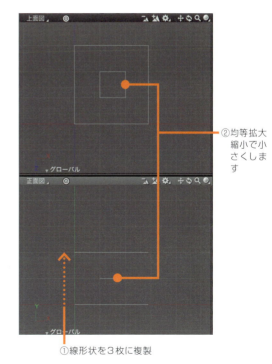

②均等拡大縮小で小さくします

①線形状を3枚に複製

STEP 3

「閉じた線形状」に上から順番に「01」「02」「03」と名前を付けます。

※通常では「閉じた線形状」に直接名前を付けることはしませんが、ここでは解説をよりわかりやすくするために直接名称を設定しました。

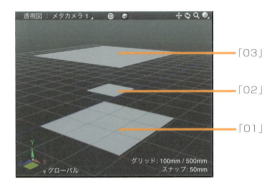

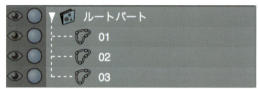

「閉じた線形状」を名称変更

STEP 4

ツールボックスの「パート」ツール→「パート」グループ→「自由曲面」をクリックします。ブラウザに新しい「自由曲面」パートが作成されます。

「自由曲面」パートの作成

STEP 5

「自由曲面」パートに「閉じた線形状」を入れます。「01」「02」「03」と順番通りに並べて入れましょう。「閉じた線形状」がつながり、不整形な筒のような形状に変化しました。このように離れた場所に存在する形状でも、「自由曲面」パートに入れるだけでそれらをつなぎ合わせて面を張ることができます。

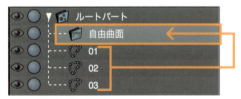

①「自由曲面」パートへ移動

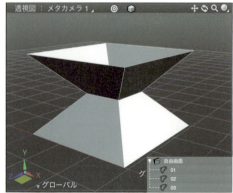

②側面に面が張られ、自由曲面ができあがります

自由曲面の構造

STEP 1

「自由曲面」パートは、中に収まる線形状の並ぶ順番が自由曲面の構造に大きく影響するのが特徴です。先ほど作成した「自由曲面」パートで実際に試してみましょう。「01」「02」「03」と順番通りに並んでいる「閉じた線形状」の順番を入れ替えてみます。「閉じた線形状」の面のつながり方が変化し、自由曲面の形も大きく変更されます。このように「自由曲面」パートでは、必ずつなぎ合わせる順番に線形状を並べる必要があります。

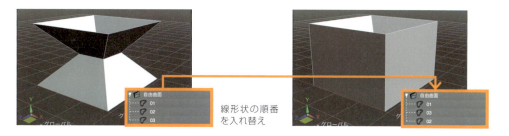

STEP 2

今まで確認してきた自由曲面は水平方向に輪切りにした断面形状の並び順でしたが、垂直方向の並び順で確認してみましょう。ブラウザで「自由曲面」パートを選択し、右クリックするとポップアップメニューが表示されます。

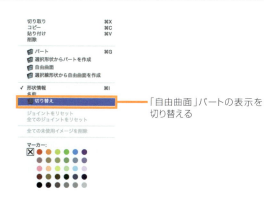

STEP 3

「切り替え」をクリックすると、今度はブラウザに「開いた線形状」が連続されて表示されます。その線形状を一本ずつクリックして確認すると、今度は垂直断面に切り替わったことが確認できます。

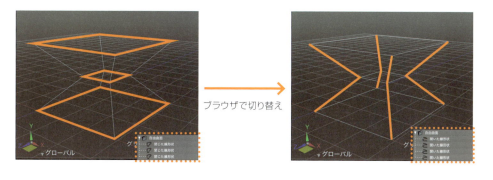

STEP 4

自由曲面というのはちょうど提灯のような構造に似ています。水平断面の骨組みと垂直断面の骨組みを準備し、それを「自由曲面」パートに順番通りに入れて面を張るようなイメージです。ブラウザ上では水平断面と垂直断面を一度に表示することができないので、「切り替え」を使って表示を切り替えて編集を進めていきます。

水平断面　　　　　垂直断面　　　　　自由曲面

〉〉〉〉〉〉〉〉 自由曲面の形状編集

STEP 1

「自由曲面」パート内の線形状を編集することにより、オブジェクト全体の形状も変形します。変形したい線形状を選択し、コントロールバーより「形状編集」モードに切り替えます。

STEP 2

線形状のコントロールポイント、ハンドルを移動することで、自由曲面の形も変形されることを確認しましょう。

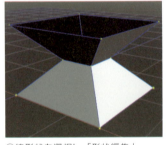 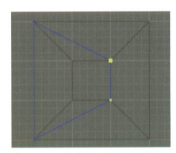 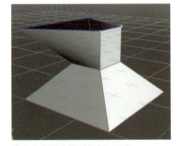

①線形状を選択し、「形状編集」モードへ　　②コントロールポイントを移動/変形　　③自由曲面の形が変形します

自由曲面をピンポイントで変形したい場合は、変形させたい位置にコントロールポイントを追加します。まず、コントロールポイントを追加したい線形状を選択し、「形状編集モード」に切り替えます。x+z(Win)／command+option(Mac)キーを押しながら、パス上に追加したい位置を横切るようにドラッグします。新しいコントロールポイントが追加され、そのポイントやハンドルを操作することで、部分的に押したり伸ばしたりすることができます。この工程を繰り返すことで意図する形に近づけていくのが、Shadeでの自由曲面モデリングの醍醐味です。反復練習することで、粘土を扱うように自由な形を作れるようになることでしょう。

2-9 「回転体」から自由曲面のモデリング

回転体を自由曲面に変換すれば、一部分のみ断面図形が変化するような自由な形状の3次元オブジェクトを作成できます。ここでは回転体の作成から変換、形状編集までの一連の流れを確認していきましょう。

》》》》》》》》「ツールパラメータ」による変換作業

STEP 1

適当な形の回転体を準備します。ここでは、壺の断面形状を正面図で描き、それを回転体にした図形を作成します。

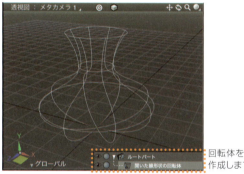

回転体を作成します

STEP 2

ブラウザ上で作成した回転体を選択し、「ツールパラメータ」の「自由曲面に変換」をクリックします。形状そのものの見た目は変更されませんが、「自由曲面」パートが作成され、その中には断面図形となる4つの線形状が自動的に作成されます。

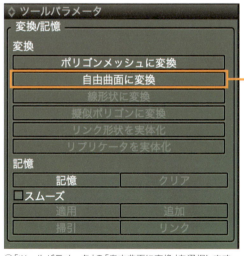

①「ツールパラメータ」の「自由曲面に変換」を選択します

②回転体が「自由曲面」パートになります

〉〉〉〉〉〉〉 変換した自由曲面の構造

STEP

回転体から自由曲面に変換されたパートの内容を確認します。変換された直後の状態では、垂直断面の形状となる4つの線形状が収まっています。

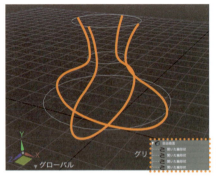

回転体の垂直断面

STEP

ブラウザ上で「自由曲面」パートを右クリックするとポップアップメニューが現れるので、「切り替え」をクリックします。今度は水平断面の線形状が順番に収まった形に、ブラウザの内容が変更されます。この水平断面の数は、回転体を作図する際に作成した断面形状のコントロールポイントの数と同じになります。

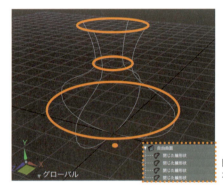

回転体の水平断面

〉〉〉〉〉〉〉 回転体からの形状編集（花瓶）

STEP

変換された「自由曲面」パートを、垂直断面の線形状が表示される状態に切り替えます。「自由曲面」パート内の1つの断面形状をブラウザで選択し、コントロールバーより「形状編集」モードに切り替えます。

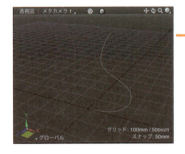

「オブジェクト」モードから「形状編集」モードへ

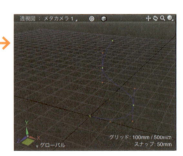

STEP 2

ここでは壺の断面形状の一番上にあるコントロールポイントの位置を変更してみます。ポイントを少し外側に移動してみましょう。壺の先端が広がり、クチバシのような水の注ぎ口が完成します。

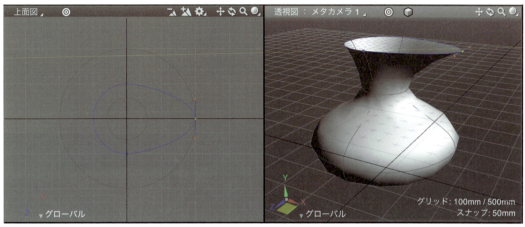

①線形状のコントロールポイントを移動/変形　　②自由曲面の形状が部分的に変形されます

T I P S

コントロールポイントの追加によるディティール表現の違い

「形状編集」モードでコントロールポイントを移動すると、その変更は前後のポイントまでのパス図形に影響してきます。ピンポイントでの形状変更を行う場合、必要であればコントロールポイントを追加してみましょう。例えばクチバシの形状をより鋭くするのであれば、水平断面の表示に切り替え、そのポイントの前後にコントロールポイントを追加してみて下さい。

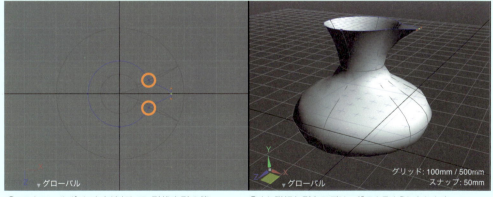

①コントロールポイントを追加して、形状変形の範　　②より詳細な形をモデリングできるようになります
　囲を制御します

069

2-10 「掃引体」から自由曲面のモデリング

掃引体を自由曲面に変換すれば、錐状体や水平断面の変化する3次元オブジェクトなどを容易に作成できるようになります。ここでは掃引体の作成から変換、形状編集までの一連の流れを解説していきます。

⟫⟫⟫⟫⟫⟫⟫ ツールパラメータによる変換作業

STEP 1

適当な形の掃引体を準備します。ここでは、正方形の平面形状を上面図で描き、それを正面図で掃引体にした図形を作成しています。

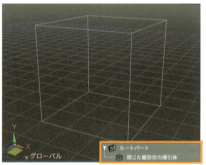

掃引体を作成します

STEP 2

ブラウザ上で作成した掃引体を選択し、「ツールパラメータ」の「自由曲面に変換」をクリックします。形状そのものの見た目は変更されませんが、新しいパートが作成されてパートの中には断面図形となる2つの線形状を収納した「自由曲面」パートが作成されます。また、自由曲面とは別に2つの線形状が作成され、それらと「自由曲面」パートが、新しいパートの中に収まっています。

①「ツールパラメータ」の「自由曲面に変換」を選択します

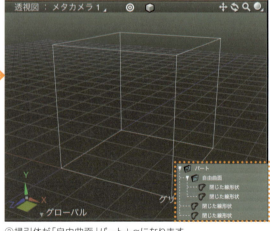

②掃引体が「自由曲面」パート+αになります

070

変換した自由曲面の構造

STEP 1

掃引体から自由曲面に変換されたパートの内容を確認します。変換された直後の状態では、「自由曲面」パートの中には水平断面の形状となる2つの線形状が収まっています。「自由曲面」パートのみでレンダリングするとわかるように、「自由曲面」パートの内容は掃引体の側面の部分となります。

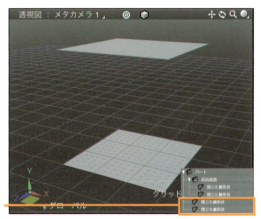

「自由曲面」パート（側面）

STEP 2

「自由曲面」パートと同じ階層に、2つの線形状が同時に作成されています。これらはふたの形状になります。

ふたとなる線形状

STEP 3

掃引体を自由曲面に変換すると、「自由曲面での側面部分」+「ふたの平面形状」で1つの掃引体と同じものが3次元オブジェクトとして表現されます。

掃引体（自由曲面に変換）

「自由曲面」パート（側面）

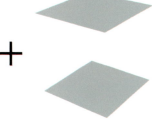
線形状（ふた）

071

STEP 4

ブラウザ上で「自由曲面」パートを右クリックします。ポップアップメニューが現れるので、「切り替え」をクリックします。今度は垂直断面の線形状が順番に収まった形に、ブラウザの内容が変更されます。この垂直断面の数は、掃引体を作図する際に作成した平面形状のコントロールポイントの数と同じになります。

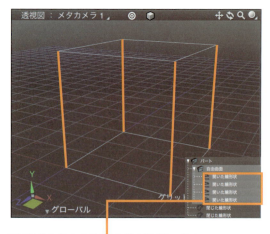

平面形状のポイント数と同じ数の線形状で構成

》》》》》》》「自由曲面」パートのまとめ（一点に収束）

掃引体から自由曲面に変換した場合、デフォルトの状態では「自由曲面」パートとしてできあがる側面部分とふたの形状は別々に存在します。しかしながら、ふたの形状が別に存在していると編集に手間がかかることになります。掃引体をベースに「自由曲面」パートの形状変更を行うのと同時に、ふたの形状を編集するのは困難です。それを解消するためには、ふたの形状を含めて掃引体を1つのパートにまとめておく必要があります。ここでは、「一点に収束」を使いながら「自由曲面」パートをシンプルにまとめていく手法を解説します。

STEP 1

まずは適当な形の掃引体を「ツールパラメータ」より自由曲面に変換しましょう。先ほど解説したように、「自由曲面」パートとふたの形状が別々に作成されます。

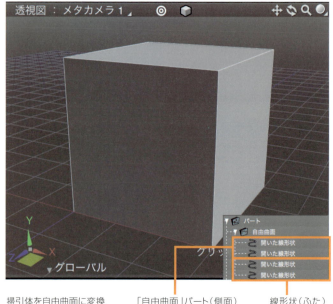

掃引体を自由曲面に変換　　「自由曲面」パート（側面）　　線形状（ふた）

STEP 2

ふたの形状をブラウザで選択し、削除します。「自由曲面」パートでまとめられた側面の形状だけが残ります。

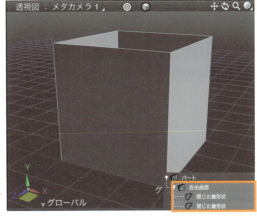

ふたの形状を削除。側面の「自由曲面」パートだけの状態になりました

STEP 3

ブラウザで側面の上部の平面形状を選択し、ブラウザ内でコピー&ペーストを行います。ブラウザ内では、線形状が2つ、同じ位置に重なって作成されました。側面の下部の平面形状も同様に、ブラウザ内でコピー&ペーストを行います。ブラウザ内では、合計で4つの線形状が完成します。

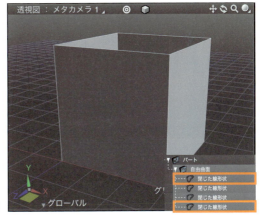

線形状を複製

STEP 4

「作成された形状」のうちブラウザ内の一番下にある線形状を選択します。ツールボックスの「編集」ツール→「線形状」→「編集」グループ→「一点に収束」を選択します。線形状の中のコントロールポイントが形状の中心に集合しました。レンダリングで確認するとわかるように、上のふたが閉じた状態になりました。

上面のふたが閉じます

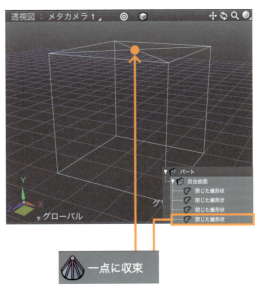

一点に収束

073

STEP 5

下部の平面形状も同様に、ツールボックスの「一点に収束」を実行します。下蓋も閉じた状態の自由曲面になりました。

下面のふたが閉じました

STEP 6

「自由曲面」パートで「切り替え」を行い、垂直断面の線形状を表示してみましょう。線形状を確認するとわかるように、コの字型の断面形状となり、これがつながることで1つの自由曲面のみで掃引体を表現できるようになりました。

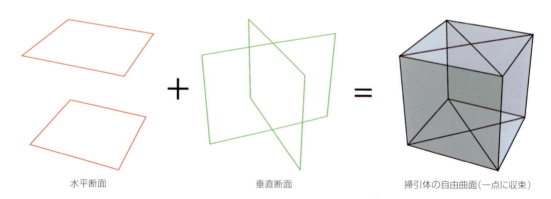

水平断面　　　　垂直断面　　　　掃引体の自由曲面（一点に収束）

〉〉〉〉〉〉〉 掃引体からの形状編集

先に解説した「一点に収束」で1つにまとめられた自由曲面を編集してみましょう。掃引体から自由曲面に変換した場合は、水平断面の線形状の形状を編集していくほうが、完成のイメージを掴みやすいです。

STEP 1

変換された「自由曲面」パートを、水平断面の線形状が表示される状態に切り替え、「自由曲面」パート内の上蓋の平面形状をブラウザで選択し、コントロールバーの編集モードを「オブジェクト」モードから「形状編集」モードに変更します。

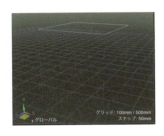

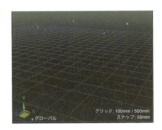

「オブジェクト」モードから「形状編集」モードへ

STEP 2

ここでは上蓋の平面形状にあるコントロールポイントの位置を変更してみます。ポイントを動かし、下蓋よりも小さな図形に変更しましょう。上蓋が小さくなり、四角錐台の形状に変更されました。

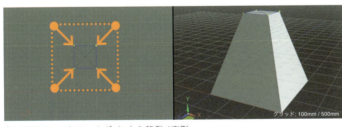

①線形状のコントロールポイントを移動/変形　　②自由曲面の形状が部分的に変形されます

STEP 3

「自由曲面」パートで「切り替え」を選択し、垂直断面の線形状を表示してみましょう。線形状を確認すると、垂直に立ち上がっていた断面形状が上蓋の形状編集に連動して変形されたことが確認できます。

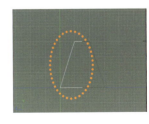

切り替え

水平断面を編集すれば、垂直断面も同時に変更されます

075

2-11 自由曲面の応用

自由曲面は3次元曲面として形状編集ができ、掃引体や回転体よりも複雑な編集ができることは解説してきた通りです。さらに角の丸まった形状やパイプのような形状も「自由曲面」パートを介して作成可能です。ここではそれらのモデリング手法を自由曲面モデリングの応用例として解説していきます。

〉〉〉〉〉〉〉 角の丸め/切り落とし

掃引体を自由曲面に変換することで、形状のエッジを丸めて表現できるようになります。身近に存在する形状のほとんどのエッジはわずかながらでも丸めてあり、これをモデリングで表現することで、よりリアルなCGを作成することができるようになります。

STEP 1

まずは掃引体で立方体（1,000mm×1,000mm×1,000mm）を作成し、「一点に収束」を使って、1つの「自由曲面」パートにまとめます。

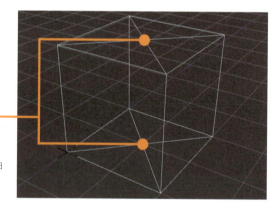

「一点に収束」でふたを閉じる

一辺1,000㎜の立方体（「自由曲面」パートでまとめる）

STEP 2

「自由曲面」パートの表示を切り替え、垂直断面の線形状を表示します。コの字型の断面形状が連続する自由曲面で構成された立方体が完成します。立方体の角を丸めて表現するためには、コの字型のコーナーポイントを丸める必要があります。

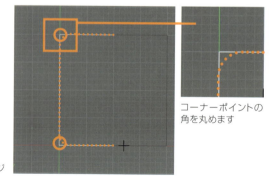

コーナーポイントの角を丸めます

角丸めの対象となるエッジ

STEP 3

「自由曲面」パートを水平断面の表示に切り替え、上から3番目の「閉じた線形状」を選択します。ツールボックスの「編集」ツール→「線形状」→「編集」グループ→「角の丸め」を選択します。

丸めたい線形状のエッジを選択して実行

STEP 4

「ツールパラメータ」の「角の丸め」の「半径」に「100」を入力し、確定ボタンをクリックすると、上蓋のエッジが丸められます。

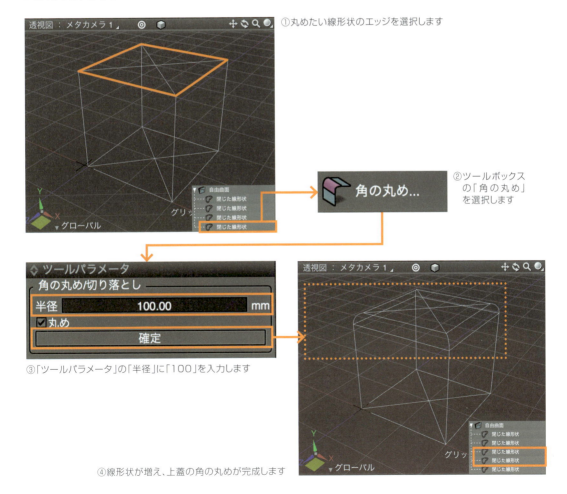

①丸めたい線形状のエッジを選択します

②ツールボックスの「角の丸め」を選択します

③「ツールパラメータ」の「半径」に「100」を入力します

④線形状が増え、上蓋の角の丸めが完成します

STEP 5

同じく2番目の「閉じた線形状」を選択し、ツールボックスの「編集」ツール→「線形状」→「編集」グループ→「角の丸め」を実行します。「ツールパラメータ」の「角の丸め」の「半径」に「100」を入力し、確定ボタンをクリックすると、下蓋のエッジが丸められます。

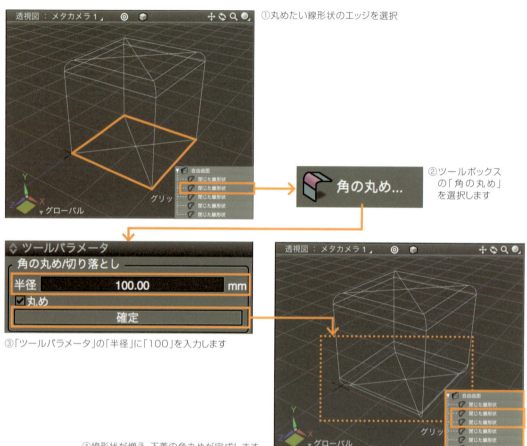

①丸めたい線形状のエッジを選択

②ツールボックスの「角の丸め」を選択します

③「ツールパラメータ」の「半径」に「100」を入力します

④線形状が増え、下蓋の角丸めが完成します

STEP 6

ふたのエッジは丸められましたが、水平断面の形状を見る限り、四隅のエッジが丸められていない状態です。引き続き垂直方向の断面形状に角の丸めを実行していきます。

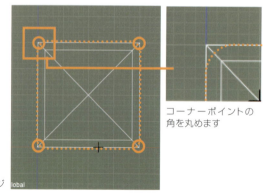

角の丸めの対象となるエッジ

コーナーポイントの角を丸めます

STEP 7

「自由曲面」パートを切り替え、ブラウザの表示を垂直断面にします。4つの「開いた線形状」に、ツールボックスの「編集」ツール→「線形状」→「編集」グループ→「角の丸め」を選択します。「ツールパラメータ」の「角の丸め」の「半径」に「100」を入力し、確定ボタンをクリックします。各コーナーのエッジが丸められます。

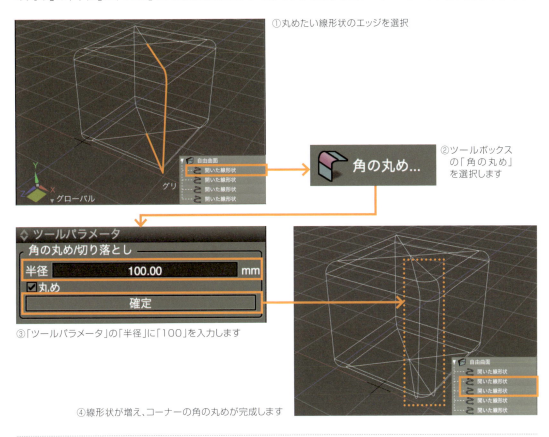

①丸めたい線形状のエッジを選択

②ツールボックスの「角の丸め」を選択します

③「ツールパラメータ」の「半径」に「100」を入力します

④線形状が増え、コーナーの角の丸めが完成します

STEP 8

これですべてのエッジが丸められ、よりリアルな直方体ができあがりました。この形状にメタリックの表面材質などを適用すると、その違いは歴然とします。また、角の切り落としも同様の手順で作成することができますので、試してみて下さい。

エッジの角が丸まりました

》》》》》》》「記憶」→「掃引」のモデリング

「記憶」→「掃引」とは、線形状や円などの平面形状にパス図形の通り道を指定することで立体を描く手法です。これらは断面図形とパス図形（通り道）の関係により成立し、パイプのような形状を作成することが可能となります。

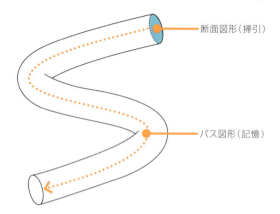

断面図形（掃引）

パス図形（記憶）

STEP 1

まずはパス図形を準備します。正面図のX軸上に3次元カーソルの位置を合わせてクリックしましょう。上面図で「開いた線形状」を描画します。ここではわかりやすいように、原点から始まる線形状を描画しました。

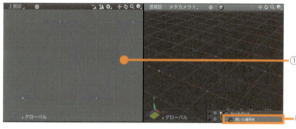

①原点から線形状を描画（上面図で作図）

②パス図形が完成（ブラウザで確認）

STEP 2

次に断面形状を準備しましょう。上面図の原点に位置を合わせてクリックします。右面図で断面図形となる長方形を描画します。断面図形も原点に描画するのがポイントです。

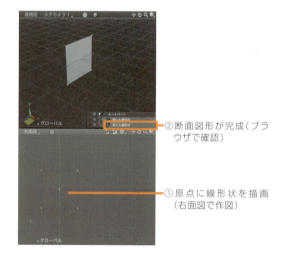

②断面図形が完成（ブラウザで確認）

①原点に線形状を描画（右面図で作図）

STEP 3

「記憶」から「掃引」の順番で実行します。まずはブラウザのパス図形を選択します。「ツールパラメータ」より、「記憶」ボタンをクリックします。パス図形の情報が記憶されました。

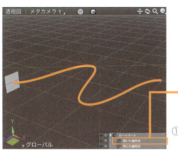

①ブラウザでパス図形を選択
②「ツールパラメータ」の「記憶」を実行

STEP 4

ブラウザで断面形状を選択します。「ツールパラメータ」より、「掃引」ボタンをクリックします。断面形状がパス図形に沿って立体化されました。

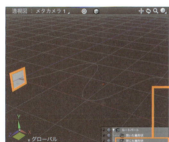

①ブラウザで断面図形を選択
②「ツールパラメータ」の「掃引」を実行

STEP 5

ブラウザには「自由曲面」パートが自動的に作成されました。記憶したパス図形はそのまま残ります。

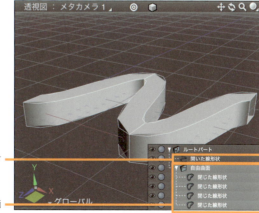

パス図形はそのまま残ります

「記憶」→「掃引」コマンドで作成された自由曲面

TIPS

「記憶」→「掃引」で作成した形状は編集可能

「記憶」→「掃引」で作成された立体形状は「自由曲面」となりますので、実行後に形状編集を行うことができます。また、形状の始点と終点はふたがない状態となりますので、必要であれば「一点に収束」で閉じた3D形状にすることも可能です。

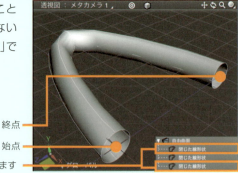

終点
始点
必要であればふたを閉じます

「記憶」→「掃引」のルール

「記憶」から「掃引」では、断面形状とパス図形の間にルールが存在します。
・断面形状はパス図形の始点に配置してなければなりません。
・断面形状はパス図形の始点の部分で直交した状態になければいけません。
これらのルールを守ってあげないと、意図する形を作り出すのは困難です。

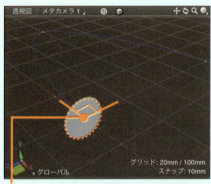

始点に吸着、パス図形（曲線はハンドル）に直交

断面図形を「円」で作成するときの注意

断面形状に「円」を使って「記憶」→「掃引」を行う際には注意が必要です。「記憶」から「掃引」の断面形状は必ず「線形状」でなければならないというルールがあります。しかし、「円」は、ブラウザ上でもわかるように、「円」としてのオブジェクト情報を持っています。「円」は必ず「ツールパラメータ」より「線形状に変換」を実行してから、「記憶」→「掃引」を行うようにして下さい。

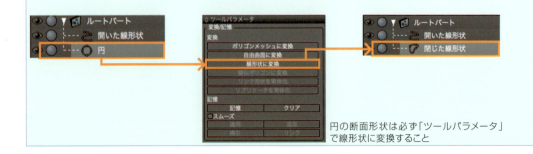

円の断面形状は必ず「ツールパラメータ」で線形状に変換すること

〉〉〉〉〉〉〉 コーヒーカップのモデリング

角の丸めと「記憶」→「掃引」の自由曲面に関係するモデリング手法の復習として、「コーヒーカップ」を作成する方法を解説します。作成するコーヒーカップは完成図のように、本体部分と取手部分に分かれています。カップの本体は回転体を自由曲面に変換し、「角の丸め」を実行します。また、取手部分は「記憶」→「掃引」でモデリングしていきましょう。

取手部分

本体部分

STEP 1

新規シーンを作成します。上面図、正面図、右面図の「グリッド」のサイズが「5」になるまでズームインします。

| X | 0.0 | Y | 0.0 | Z | 0.0 | 距離 | 0.0 | 絶対座標 | ドット | 0.5 | グリッド | 5 | mm |

「グリッド」のサイズが5になるまで拡大し、単位は「mm」は設定します

STEP 2

上面図でX軸上に3次元カーソルの位置を合わせてクリックします。

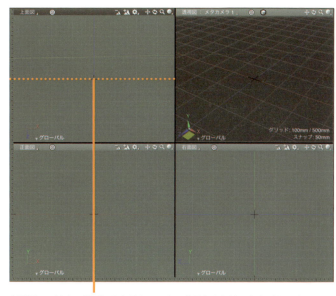

上面図のX軸上の位置に3次元カーソルの位置を合わせてクリックします

STEP 3

ツールボックスの「作成」ツール→「形状」グループ→「一般」→「開いた線形状」を選択します。正面図で原点から作図を開始し、図のような開いた形状を作成します。これが、コーヒーカップの断面形状になります。

①ツールボックスの「開いた線形状」を選択します

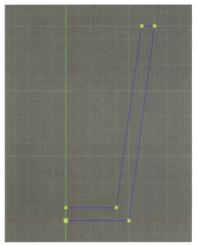

②グリッド間隔を5mmに設定し、正面図で開いた線形状を作図

STEP 4

透視図の「フィット」ボタンや「ズーム」でアングルを調整し、「図形」ウインドウにオブジェクト全体が入るようにしましょう。透視図ウインドウの操作は、モデリングを進めると同時に、常に見やすいポジションになるように合わせます。「表示切り替え」は「テクスチャ+ワイヤフレーム」など、モデリングの状態が確認しやすい表示方法を選択しましょう。

STEP 5

作成した断面形状を「回転体」で立体化します。さらにブラウザ上で作成した回転体を選択し、「ツールパラメータ」→「自由曲面に変換」をクリックします。回転体が「自由曲面」パートに変換されます。

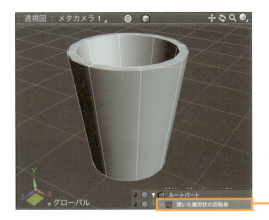

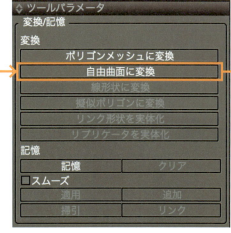

回転体を自由曲面に変換

STEP 6

自由曲面に変換したことにより、エッジを丸めることができるようになります。「自由曲面」パートを水平断面の表示に切り替え、ブラウザ上で上から2番目の「閉じた線形状」を選択します。ツールボックスの「編集」ツール→「線形状」→「編集」グループ→「角の丸め」を選択します。

本体のエッジに「角の丸め」を実行

STEP 7

「ツールパラメータ」のダイアログボックスの「半径」に「2」を入力し、「確定」ボタンをクリックすると、上部のエッジが丸められます。

角丸め半径を指定してから「確定」ボタンをクリック

STEP 8

他のエッジも、同じ手順で「角の丸め」を実行します。

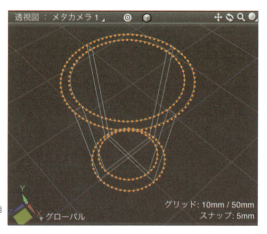

黄色で示した4カ所のエッジの角を丸めます

STEP 9

レンダリングをして確認します。すべてのエッジが柔らかくなり、コーヒーカップの本体が完成しました。

エッジが丸められ、本体が完成します

STEP 10

次に取手の部分を「記憶」から「掃引」で作成していきます。まずはパス図形を準備します。ブラウザのルートパートを選択し、「自由曲面」の下に「開いた線形状」を作成する準備をします。上面図でX軸上に3次元カーソルの位置を合わせてクリックします。正面図で開いた線形状を描画します。取手の断面形状が通る軌跡となるパス図形が完成しました。

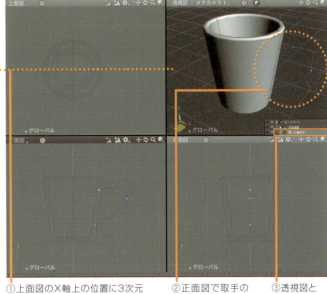

①上面図のX軸上の位置に3次元カーソルの位置を合わせてクリックします　②正面図で取手のパス図形を描画　③透視図とブラウザで確認

STEP 11

次に断面形状を準備しましょう。断面図形は取手の通る軌跡の始点に描画する必要があります。正面図でパス図形の始点に位置を合わせてクリックしましょう。右面図で断面形状となる「円」を描画します。

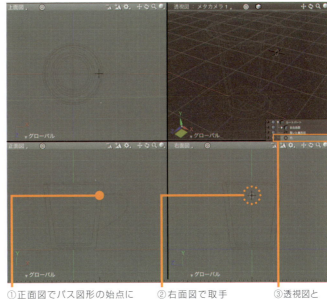

①正面図でパス図形の始点に3次元カーソルの位置を合わせてクリックします　②右面図で取手の断面図形「円」を描画　③透視図とブラウザで確認

087

STEP 12

「記憶」→「掃引」を実行する前に、断面図形の位置と属性を正しく修正します。断面形状を選択し、ツールボックスの「作成」ツール→「移動/複製」グループ→「移動」→「回転」を選択します。正面図でパス図形の始点に直交するように断面形状を回転します。

①断面図形を選択して、ツールボックスの「作成」ツール→「移動」→「回転」を選択

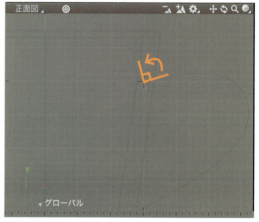

③ツールパラメータで「確定」ボタンをチェック

②断面図形がパス図形の始点で直交するように調整

STEP 13

また、「円」は「ツールパラメータ」→「線形状に変換」で「閉じた線形状」に変換しておきます。これで正しく「記憶」→「掃引」を実行する準備が整いました。

断面図形「円」を線形状に変換

「記憶」→「掃引」が実行できるようになります

STEP 14

「記憶」→「掃引」を実行します。まずはパス図形をブラウザより選択します。「ツールパラメータ」より、「記憶」ボタンをクリックします。パス図形の情報が記憶されました。

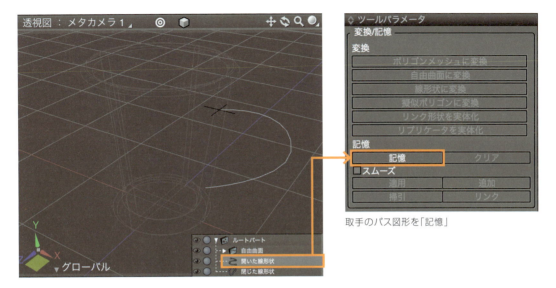

取手のパス図形を「記憶」

STEP 15

断面形状をブラウザより選択します。「ツールパラメータ」より「掃引」ボタンをクリックします。断面形状がパス図形に沿って立体化されました。

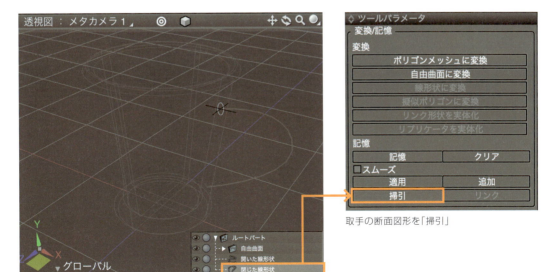

取手の断面図形を「掃引」

089

STEP 16

ブラウザには「自由曲面」パートが自動的に作成されました。記憶したパス図形はそのまま残りますので、必要なければ削除しておきます。

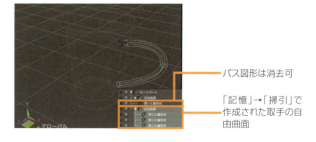

パス図形は消去可

「記憶」→「掃引」で作成された取手の自由曲面

STEP 17

レンダリングをして確認します。取手が完成し、コーヒーカップをモデリングすることができました。

以上でコーヒーカップの作成は完了です。「掃引体」や「回転体」を自由曲面に変換して形状編集したり、「角の丸め」や「記憶」→「掃引体」で自由曲面を作成することで、基本機能だけでは作成できない複雑な形状もモデリングできるようになります。自由曲面の原理を理解した上で、自分のお気に入りの筆記用具と同じように扱えるよう、各機能の反復練習を行って下さい。

TIPS

Shadeのポリゴンメッシュ機能を覚えるタイミング

これまでに解説した「自由曲面」はShadeの大きな特徴で、その他の多くの3DCGソフトでは「ポリゴンモデリング」と呼ばれる手法で立体を作っていきます。ポリゴンモデリングは、生き物の顔や手足のように大きな塊から飛び出してくるような形状を作るのに適しています。なおかつ、角の丸めを形状情報として指定することで、手軽に丸みのある形状を作り出すことができます。しかし、Shadeの特徴はあくまでも自由度の高い自由曲面であることに変わりはなく、Shadeのポリゴンモデリング機能である「ポリゴンメッシュ」でも基となる3D形状の作成は自由曲面が多く使われます。ですので、自由曲面をマスターしてから、新しいモデリング方法の可能性を探る上でポリゴンメッシュをマスターするのがお勧めです。自由曲面を理解したうえでポリゴンメッシュをマスターすることで、新しい発見もより多くなるでしょう。

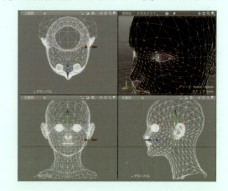

Shade3D ver.16 Guidebook

Chapter 3

色や材質の設定

Shadeでモデリングしたオブジェクトに「表面材質」で色や光沢や反射などの質感を設定することで、様々な材質を表現することが可能です。頑張って作ったモデルに質感をしっかりと設定すれば、さらに見栄えのする作品にできるでしょう。この章で表面材質の基本をしっかり学んで、より存在感のあるオブジェクトにしていきましょう。——text by 富永守彦

3-1 表面材質で様々な色や質感を設定する

Shadeでモデリングしただけのオブジェクトはまだ色や質感がない状態です。どんなに優れたモデリングでも、色や質感が無ければただの白い固まりでしかありません。Shadeでは透明体や金属など色々な材質やテクスチャーを設定することができるので、是非この章で設定方法を学んで存在感のあるCGを製作していきましょう。

> **Model Data**
> Webページで当記事のモデルデータ「マスターサーフェス.shd」を配布しています。詳細は002ページを参照してください

》》》》》》》「表面材質」ウインドウの表示

「表面材質」ウインドウで色や材質を設定することが可能です。表面材質ウインドウを表示させるには「統合」パレット→「表面材質」ウインドウを選びます。表示されていない場合は、メインメニューの「表示」メニューから「表面材質」を選択します。

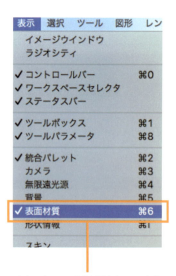

メインメニューの「表示」メニューからでも「表面材質」を選ぶことが可能です

「統合」パレットから「表面材質」ウインドウを選びます

》》》》》》》「表面材質」ウインドウの解説

「表面材質」ウインドウは、「基本設定」グループ、「効果設定」グループ、「ボリューム設定」グループ、「マッピング」グループの4つで構成されています。まずは、「基本設定」グループで基本の設定を行い、他のグループでより細かく設定していきます。

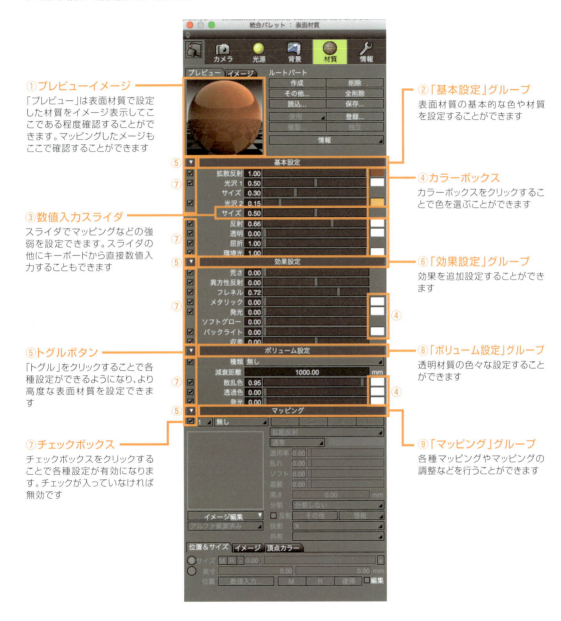

① プレビューイメージ
「プレビュー」は表面材質で設定した材質をイメージ表示してここである程度確認することができます。マッピングしたメージもここで確認することができます

② 「基本設定」グループ
表面材質の基本的な色や材質を設定することができます

③ 数値入力スライダ
スライダでマッピングなどの強弱を設定できます。スライダの他にキーボードから直接数値入力することもできます

④ カラーボックス
カラーボックスをクリックすることで色を選ぶことができます

⑤ トグルボタン
「トグル」をクリックすることで各種設定ができるようになり、より高度な表面材質を設定できます

⑥ 「効果設定」グループ
効果を追加設定することができます

⑦ チェックボックス
チェックボックスをクリックすることで各種設定が有効になります。チェックが入っていなければ無効です

⑧ 「ボリューム設定」グループ
透明材質の色々な設定ができます

⑨ 「マッピング」グループ
各種マッピングやマッピングの調整などを行うことができます

3-2 表面材質で色を設定してみよう

ここでは表面材質で色を設定する方法を学びます。表面材質では手描きの絵のように筆やエアブラシなどを使う必要もありません。好きな色を設定するだけでオブジェクトに一瞬で色を付けることができますし、色の変更や保存、削除などもとても簡単です。表面材質の第一歩はオブジェクトに色を付けることからですので、しっかり学んでいきましょう。

〉〉〉〉〉〉〉 基本的な表面材質の設定

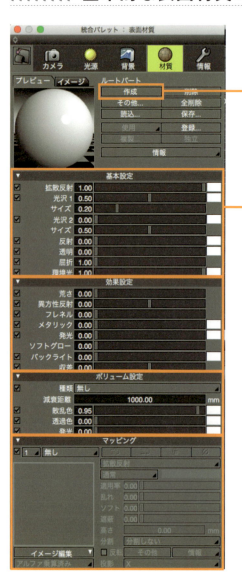

オブジェクトを作成したら今度は色や質感を設定していく作業になります。材質を設定したいオブジェクトを選択し「作成」ボタンをクリックすると各スライダが有効になり、材質を設定できる状態になります。表面材質の設定は、必ず材質を設定をしたいオブジェクトやパートを選択してから行います

「表面材質」ウインドウは、「基本設定」グループ、「効果設定」グループ、「ボリューム設定」グループ、「マッピング」グループの4つで構成されています。「基本設定」グループで基本の設定を行い、他のグループでより細かく効果設定を行います。「反射」や「光沢」などに色を付けることも可能です

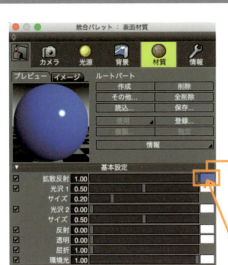

● オブジェクトに色を設定してみる

それでは、オブジェクトに基本的な色を設定していきましょう。基本的な色を設定するには、「拡散反射」のカラーボックスに色を設定します。右のカラーボックスをダブルクリックするとカラーパネルが開きますので、色をドラッグ&ドロップすることで設定できます。金属や透明は暗い色を入れるか、数値スライダを下げて黒に近い色を入れるようにします

カラーパレットを表示させたら好きな色を選んで設定することができます

一度設定したカラーボックスの色を保存しておくこともできます。メインメニューの「表示」メニュー→「カラー」を選択し、「表面材質」カラーボックスの色をドラッグ&ドロップでカラーリストに設定すると保存ができるようになります。カラーリストに保存されている色は、「表面材質」カラーボックスに設定することも可能です

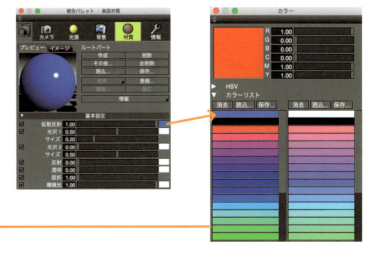

095

〉〉〉〉〉〉〉〉 設定した色や材質を削除するには

設定した色だけを削除したい場合はオブジェクトを選び、「拡散反射」の横にあるチェックボックスを外すことで削除できます。表面材質全体を削除したい場合は、右上の「削除」をクリックすることで表面材質全体を削除することができます。「全削除」は、パートに入っている全部のオブジェクトの表面材質を一括で削除させることができます。

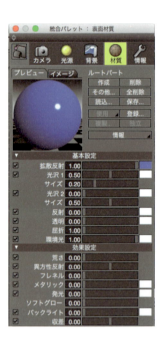

チェックボックスを外すことで、色だけを削除することができます

「削除」をクリックすることで、表面材質全体を削除することができます

表面材質全体が削除されました

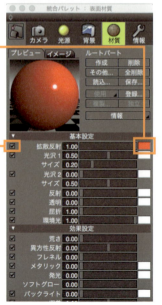

再び色を入れることで自動的にチェックがつきます

》》》》》》》「拡散反射」以外の設定に色を付ける

「拡散反射」の他に光沢や反射、透明などのカラーボックスに色を設定することで、より複雑な材質を表現することが可能になります。

設定した色や材質は「プレビュー」画面で即確認することができます

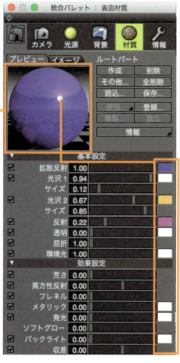

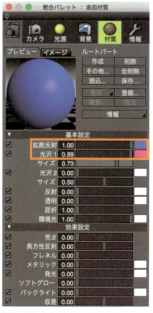

「光沢」に色を設定してみました

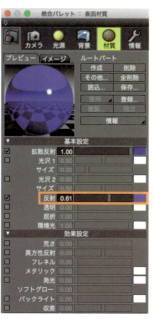

「反射」に色を設定してみました

「透明」に色を設定してみました

3-3 複数の形状に同じ「表面材質」を設定する

「マスターサーフェス」機能を使用することで、複数の形状に同じ「表面材質」を共有させることが可能です。全く同じ「表面材質」を複数の形状のひとつひとつに設定していては時間やメモリが無駄になります。このような問題を解決したのが「マスターサーフェス」という機能です。

〉〉〉〉〉〉〉〉 1つの材質を複数のオブジェクトで共有する

「表面材質」の設定をしたパートを作り、その中に複数のオブジェクトを入れれば、その中のオブジェクトを全て同じ質感にできます。しかし下の図のような自動車のホイールとタイヤのように、同じ「表面材質」のオブジェクトでも別々のパートごとに分けたい場合もあります。「マスターサーフェス」に登録した材質は「表面材質」上部にある「使用」ボタンだけで材質を登録/適用させることができます。複数のオブジェクトに適用した「マスターサーフェス」は常にリンク状態になります。元の「マスターサーフェス」を更新すれば、「マスターサーフェス」を設定したオブジェクトの質感を一度に変更することができます。

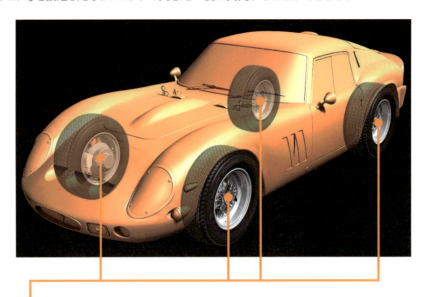

タイヤにはタイヤの、ホイールにはホイールの表面材質のマスターサーフェスが設定されています。同じ表面材質がリンクされているので、ブラウザのマスターサーフェスでも設定されたオブジェクトでもどれか1つ選んで設定を変えるだけで共有されてる全ての材質を変えることができます

表面材質をマスターサーフェスに登録した場合、「使用」ボタンでオブジェクトにマスターサーフェスを適用させることができます。マスターサーフェスは常にリンク状態になっていますのでマスターサーフェスに登録した表面材質を変更すればそのマスターサーフェスを使用したオブジェクトの表面材質を一度に変更することができます。

登録したマスターサーフェスはオブジェクトを選んで「使用」ボタンで設定することができます

「タイヤ」のマスターサーフェス

「タイヤ」の「マスターサーフェス」をタイヤのオブジェクトに設定します

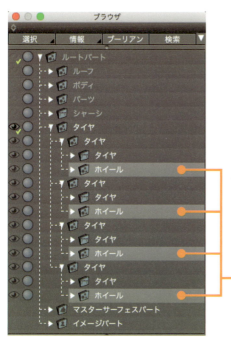

「ホイール」のマスターサーフェス

「マスターサーフェス」を設定しよう

STEP 1

三台の自動車をサンプルとして「マスターサーフェス」を設定してみます。まずは「表面材質」ウインドウを開き「拡散反射」のカラーボックスをダブルクリックしてカラーパレットを表示させたら、緑を選びます。設定した「表面材質」を「マスターサーフェス」に登録します。「光沢2」に明るめ黄色を入れたり反射などを入れて好きなように設定してみるのもいいでしょう。登録ボタンをクリックすると「マスターサーフェス」の「名前」ダイアログボックスが開きますので、設定する色の名前を入力します。ここでは「緑のボディ」と入力して、OKをクリックします。「ブラウザ」の中の「マスターサーフェス」の中に「緑のボディ」が追加されます。「マスターサーフェス」は色だけでなく表面材質で作成したものならどんな材質でも登録することが可能です。

緑を設定します

STEP 2

同様にして「緑のボディ」の他に「赤いボディ」の「マスターサーフェス」を作って登録します。すると、「ブラウザ」の中に「マスターサーフェスパート」が作成され、「緑のボディ」と「赤いボディ」が追加されました。

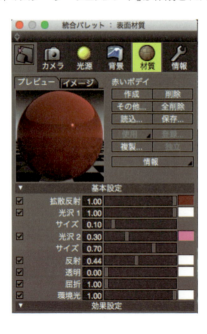

STEP 3

「ブラウザ」に表示されている三台の自動車（自動車1～3）のうち、自動車3の中にあるボディを選択したら「表面材質」ウインドウの「使用」ボタンをクリックし、「マスターサーフェス」に登録した「緑のボディ」を選びます。

①「ブラウザ」の自動車3の中から、「ボディ」を選択します

②「使用」ボタンをクリックして「マスターサーフェス」に登録した「緑のボディ」を選びます

③「ブラウザ」で選択した車のボディの「拡散反射」のカラーボックスが緑に変更されました

STEP 4

メインメニューの「レンダリング」メニューで「レンダリング開始」を選択し、色の状態を確認してみます。奥にある自動車3の車のボディだけ緑のボディカラーになっています。

101

STEP 5

自動車1と自動車2の2つの車のボディにも「マスターサーフェス」に登録した「緑のボディ」を設定してみましょう。形状を選択し「表面材質」ウインドウの使用ボタンで選ぶことができます。

全てのボディが緑になりました

〉〉〉〉〉〉〉〉 緑のボディをまとめて赤のボディに変更する

STEP 1

いったん、車のボディに設定されている「緑のボディ」を選択し削除してから「マスターサーフェイス」の中の「赤いボディ」に変更します。

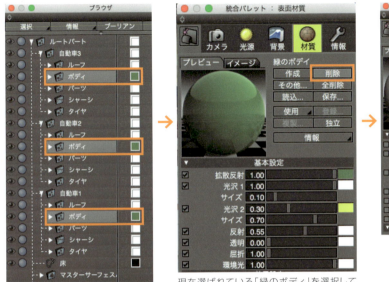

現在選ばれている「緑のボディ」を選択して
削除してから、「赤いボディ」を選びます

STEP 2

全てのボディが赤に変更されました。

STEP 3

同様にして他のタイヤやホイール、ガラスなどを「マスターサーフェス」で作って登録し、設定する練習をしてみましょう。

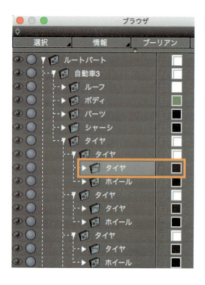

STEP 4

このように「マスターサーフェス」を作って登録しておけば、その都度オブジェクトに同じ「表面材質」の設定をする手間が省けて大変便利です。

3-4 光沢感の設定

「表面材質」の「光沢」はオブジェクトに擬似的なハイライトを設定します。ハイライトの大きさや広がりを自由に設定することができ、光沢の設定だけでつやのあるものやつや消しのものなどの材質感を表現することができます。ここからは「表面材質」を使った基本的な設定方法を学んでいきましょう。

Model Data
Webページで当記事のモデルデータを配布しています。詳細は002ページを参照してください

》》》》》》》 オブジェクトにハイライトを設定

オブジェクトにハイライトの強弱や大きさを設定することで、様々な光沢感が設定できます。またハイライトを強く小さくするとつやのある状態を再現することができます。金属やプラスチック、陶器など、つやのある物の質感を設定する時に使うと効果的です。光沢のある物は必ず反射なども発生しますので、反射の設定も組み合わせて使うことでより自然な質感を表現することが可能です。

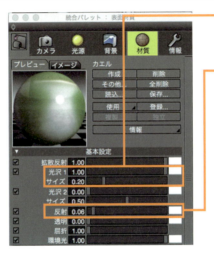

光沢感のある物を設定する時は、ハイライトを強く小さくすることでつやのある状態を再現できます

光沢のある物は必ず反射なども設定しましょう

「基本設定」グループの「光沢1」と「光沢2」のハイライトを弱く大きくすることで、つやの無い状態のオブジェクトを表現することができます。布や石、ゴムなど光沢のあまり無い物を設定する時に使うと効果的です。

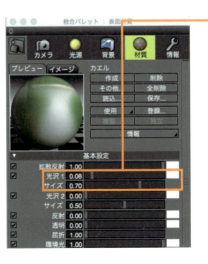

光沢感のないつや消し物を再現する時は、ハイライトを弱く大きく設定することでつやのない状態の物を再現することができます

〉〉〉〉〉〉〉〉 複数の光沢でより複雑な光沢を表現する

「基本設定」グループの「光沢1」と「光沢2」を組み合わせて2種類の光沢を設定すると、より複雑な表現になります。「光沢2」を併用することでメタリック感のある金属などの表現も可能です。「光沢1」と「光沢2」とも色を設定することができるので、様々な表現を試してみましょう。

「光沢2」に大きく設定した光沢を入れ、色を設定してみました

カラーボックスで光沢の色を選択することができます。今回は「光沢2」にピンクを設定してみました

Shade 8.1.3以前のレンダリング結果

「光沢」はShade現行版と8.1.3以前のものでは同じ設定でもレンダリング結果が少し違うようです。8.1.3以降は特に黒いものをレンダリングした時に真っ黒になってしまう傾向があるようです。光沢の効きがあまりよくないと思う時はレンダリングの時互換を8.1.3以前の設定に変えてみるのもよいかもしれません。しかし「シャドウキャッチャー」の反射のように、8.1.3以降の機能が使えないこともあるので注意が必要です

Shade現行版のレンダリング結果

》》》》》》》 金属や透明物の質感を設定する時のポイント

プロダクト系のモデリングなどによく使用される、金属や透明物の質感設定について学びましょう。ここでは金属や透明体の質感設定で、初心者がやってしまいがちなよくない例を挙げておきます。下の左の図は、単純にメタリックなどの設定をして金属の質感を設定した作品です。

金属などの質感設定でやりがちな失敗は、白やグレーなど明るい色を「拡散反射」に入れてしまうことです。金属、特にクロームメッキされた物や透明物を表現する場合は「拡散反射」のカラーボックスの設定を下げて黒に近い色にするか、「暗い色」を設定し周りの物がよく映り込むようにしましょう。拡散反射色をなぜ黒に設定するかというと、白よりも黒のほうが透明度や反射率が上がり、周りのものをくっきりと映り込ませることができるからです。ここで白やグレーなど明るい色を入れてしまうと、反射や透明体の効果が薄れてしまうので、リアルな反射や透明体などの質感を表現する場合必ず「黒」や「暗い色」を設定するようにしましょう。ここで注意したいことは、「表面材質」で金属の設定をしたからといってリアルな金属や透明体の質感を表現できるわけではないということです。周りの環境が真っ黒では、いくら反射などの設定をしても黒いものしか映り込まないのでリアルな表現をすることができません。金属や透明物の質感は、周りの物の影響があってはじめてそれらしい質感になるということを頭に入れながら設定していきましょう。

左の画像は右の画像に比べて設定がよくないので、クロームメッキの部分がうまく表現されていません

表面材質にあるメタリックは擬似的な金属の映り込みを再現しているだけなので、あまり多用するとリアルな表現をすることができません。リアルな質感を表現したいのあればメタリックなどはなるべく使わず周りの物を映り込ませましょう。映り込ませる物が周りに無い場合は「統合パレット」から「背景」などの設定をして背景の画像などを映り込ませることでリアルな表現ができます。「背景」については207ページの「Chapter6 背景の設定」で詳しく解説しています。

107

オブジェクトに金色の質感を設定してみよう

STEP 1

金属などを設定する場合は「拡散反射」のカラーボックスに「黒」を設定するか、「拡散反射」のスライダを下げて「暗い色」を設定するようにしましょう。この設定が金属の反射やガラスなど透明度の高いオブジェクトの質感を表現するポイントになります。金属や透明体の質感設定は周りの背景画像やライティングなどにも影響を受けるので同じ表面材質でも質感が違って見えます。この設定がベストというような設定はないので、プレビューレンダリングなどで確認しながら臨機応変に設定していきましょう。

「拡散反射」は数値を下げるか、黒または暗い色を設定します

STEP 2

右の図はとりあえず「拡散反射」のカラーボックスを「黒」に設定して、「反射」や「光沢」や「メタリック」などに黄色系の色を設定してゴールドらしい材質にしてみました。しかし周りに何も映り込む物が無いのであまりリアルな金の質感を表現できているとはいえません。そこで「背景」に画像を読み込ませてレンダリングしてみることにしましょう。「統合パレット」から「背景」をクリックして背景を選択し、背景を映り込ませることでさらにリアルな反射を表現することができます。

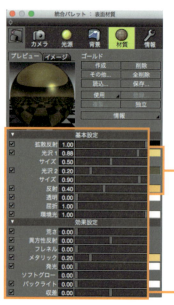

①「光沢」や「反射」、「メタリック」のカラーボックスに黄色系の色を入れ、金色らしい色を設定します

②「基本設定」と「効果設定」を図のように設定します

STEP 3

背景を映り込ませることで、さらにリアルな「反射」を実現できます。「統合パレット」から「背景」をクリックして「背景」ウィンドウを選択します。「イメージ編集」のメニューから「読み込み」を選択して、背景の画像を選択します。

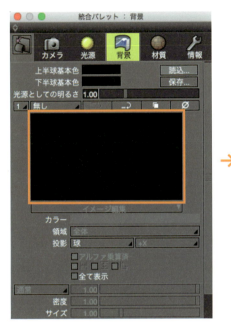 

「背景」にイメージが読み込まれました

STEP 4

背景ウインドウに画像が読み込まれたら、メインメニューの「レンダリング」メニュー→「レンダリング開始（すべての形状）」を選択して、シーンの状態を確認します。背景が写り込んで、よりリアルにレンダリングされるようになりました。

「背景」に画像を設定してオブジェクトに背景画像を映りこませる場合は、必ず「レンダリング」の「背景を反映」のチェックボックスをオンにする必要があります。この設定がないと背景画像を映り込ませることができません（図のレンダリングは背景を反射させていますが、表示はさせていません）

〉〉〉〉〉〉〉 いろいろな光沢を設定してみよう

● クロームメッキの設定

クロームメッキの質感設定は、金色の時と同様に「拡散反射」のカラーボックスを「黒」または「暗い色」に設定します。同時に、「反射」の設定を上げて周りの背景をよく映り込ませます。「光沢」も強く小さく設定します。クロームメッキのような映り込みの強いものは、設定するオブジェクト自体の材質設定より背景の画像がとても重要です。背景の画像もなるべくいい映り込みになるよう、方向を調整しましょう。

①「拡散反射」は数値を下げるか、黒または暗い色を設定します

②「反射」の数値を上げて、背景をよく映り込むようにします

● 銅の設定

銅の質感設定は、金色の時とほぼ同様です。「拡散反射」のカラーボックスに「暗い茶色」または「こげ茶」などの色を設定します。「反射」や「メタリック」のカラーボックスに茶色やオレンジなどを設定し、プレビュー画面を見ながら銅らしい質感になるよう設定していきます。つや消しの銅を表現したい場合は「反射」を抑え気味にするのがいいでしょう。

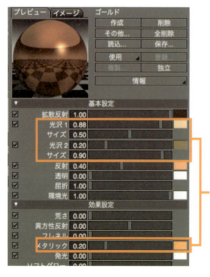

「反射」や「メタリック」のカラーボックスにオレンジ色や茶色などの銅色らしい色を設定します

● アルミの設定

アルミなどは「反射」の数値を抑えて、映り込みを少なくします。「メタリック」の数値を上げると、それらしい材質が表現できます。「拡散反射」のカラーボックスの色に明るいグレーなどを設定するとよいでしょう。

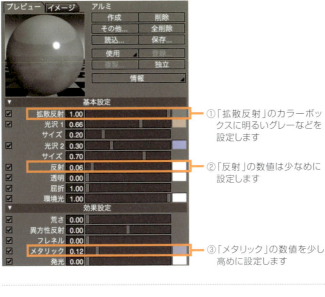

① 「拡散反射」のカラーボックスに明るいグレーなどを設定します

② 「反射」の数値は少なめに設定します

③ 「メタリック」の数値を少し高めに設定します

● ブリキの設定

ブリキの設定は、アルミの設定とほぼ同じです。反射を抑えて映り込みを少なくし、メタリックの数値を上げます。また、イメージに図のようなテクスチャーを入れるとブリキらしい材質が表現できます。テクスチャーはAdobe Photoshopのメインメニューの「フィルタ」メニュー→「ピクセレート」→水晶「フィルタ」などで作ります。

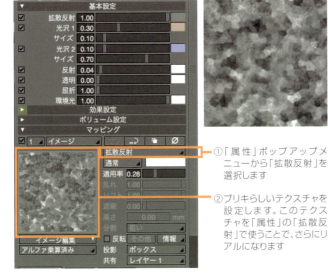

① 「属性」ポップアップメニューから「拡散反射」を選択します

② ブリキらしいテクスチャを設定します。このテクスチャを「属性」の「拡散反射」で使うことで、さらにリアルになります

「フレネル」とは見る角度によって反射率を変化させることができる機能です。この機能を使うことで視線に対して直角に交わるところは反射率が弱くなり、視線に対して平行に近くなればなる程反射率を上げることができます。この機能は「反射」と「フレネル」を併用して設定することで効果を強めることができます。車のボディの反射などに使うと大変効果的でリアルな表現ができます。

フレネル反射は視線とオブジェクトの面と平行に近くなる程反射率が上がっていきます

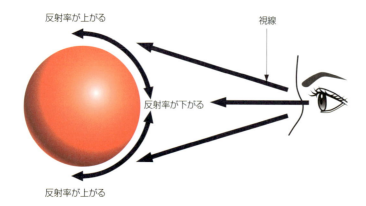

自動車のボディ部分に「フレネル」を設定してみました。ボディ部分の上と下では反射率が変化しているのがわかります。

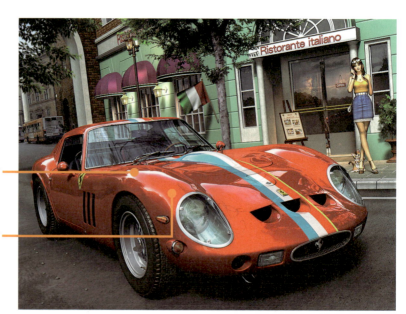

左下の自動車のボディの「表面材質」の設定と、右下の自動車のボディの「表面材質」の設定では、「フレネル」の設定以外は全く同じなのですが、ボディの質感が異なって見えます。左の自動車では「フレネル」の設定を行っていない（「0」に設定）ので、背景画像が全て反射しており、ボディの質感がうまく表現されていません。比べてみると「フレネル」を設定した右の自動車は、ボディの曲面の角度によって反射率が変化しており、よりリアルな質感が表現されています。このように「フレネル」を設定するのとしないのとでは、全く質感が異なって見えますので、積極的に利用して質感を高めていきましょう。「フレネル」の設定は、「反射」と「フレネル」を併用して使うことが重要です。設定がとても難しいので、プレビューレンダリングなどで反射具合を確認しながら設定していくとよいでしょう。

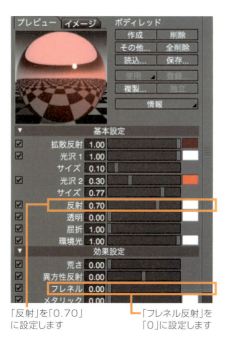

「反射」を「0.70」に設定します

「フレネル反射」を「0」に設定します

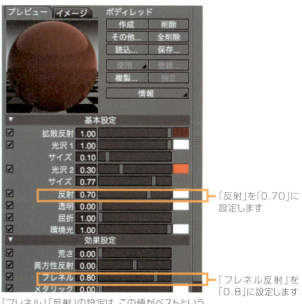

「反射」を「0.70」に設定します

「フレネル反射」を「0.8」に設定します

「フレネル」「反射」の設定は、この値がベストというものはありません。背景の設定やライティングでも変わってきますので、プレビューレンダリングで確認しながら行いましょう

フレネル反射の設定をしていないので、ボディのどの部分の曲面の反射も同じような表現で、あまりリアルに見えません

フレネル反射の設定で、曲面のボディへの映り込み具合が角度によって変わり、よりリアルな表現となっています

113

3-5 透明感の設定

「基本設定」グループでおおまかな透明感の設定ができます。ここからは、「基本設定」を使った材質の設定を方法学んでいきましょう。

〉〉〉〉〉〉〉〉 ガラスや水のような透明の質感

「透明」や「屈折」の設定をすることで、オブジェクトにガラスや水のような様々な透き通った材質を設定することができます。「透明」と一言でいってもガラスや水やダイヤモンドでは透明度や屈折率も違い、屈折率の設定は、ガラスの場合「1.54」、水の場合「1.33」、ダイヤモンドの場合「2.45」といった数値を入力することで材質の違いを表現することができます。それぞれの材質に合った透明度や屈折率を設定していきましょう。ガラスなどの透明体の質感を設定をする場合は、「反射」を設定せず(0.0)「フレネル」を「1.0」にすることで「屈折率」に合わせて物理的に正しい反射が自動的に設定されます。また「透明」の設定をする時も金属の時の設定と同様に、「拡散反射」に白に近い色を入れると透明度が上手く表現できないので、暗い色を入れるかスライダを下げておく必要があります。

透明の設定と屈折の設定を併用することで、ガラスや水のような透明の質感を表現することができます

● 色付のガラスの設定

「透明」のカラーボックスに色を設定することで、色付きのガラスを表現することができます。

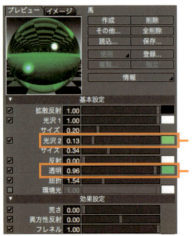

「透明」や「光沢」のカラーボックスに色を設定することで、色付きガラスを設定することができます

「透明」や「屈折」の設定を使用して作った作品

● プラスチックの質感を設定

プラスチックの質感を表現する場合は若干の「反射」と「フルネル」を設定します。光が透過している感じを出すようにして少しだけ「透明」の設定をするのがよいでしょう。「透明」のカラーボックスに、プラスチックの基本色を薄くした色を入れます。Professional版では「サブサーフェススキャタリング」を搭載しているので、よりリアルなプラスチックの表現ができます。

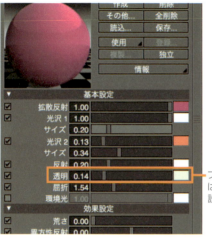

プラスチックの表現は若干の「透明」を設定します

💡 TIPS
ShadeExplorerの表面材質を使う

ShadeExplorerにはあらかじめたくさんの表面材質が登録されています。使いたい材質をクリックすることで、簡単に「表面材質」を設定することができます。自分で設定した「表面材質」を登録することもできる、大変便利な機能です。

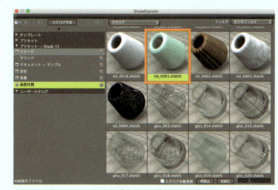

ShadeExplorerにある「表面材質」を使う場合は、オブジェクトを選択してダブルクリックするか、ドラッグ&ドロップで読み込ませることが可能です

材質をオブジェクトに適用した例

115

〉〉〉〉〉〉〉〉 レンズの収差の効果

「収差」は、「効果設定」グループにある機能です。「収差」を設定することで透明のオブジェクトに古いレンズのような効果やダイヤモンドやシャボン玉の虹色のような色の表現ができます。「表面材質」の「収差」の数値で設定し、「イメージウインドウ」の「その他」タブにある「収差に波長を反映」のチェックボックスをオンにすることで波長のぼけなどを表現できるようになります。状況に応じてチェックを入れてみましょう。

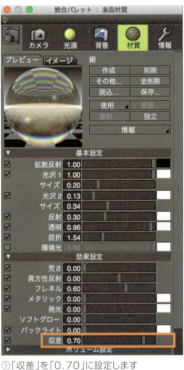

①「収差」を「0.70」に設定します

②状況に応じて「収差に波長を反映」のチェックボックスをオンにするとよいでしょう

③カメラレンズの虹色のような効果を表現できます

「収差」を使った設定例

3-6 表面効果の設定

「効果設定」グループでは、「基本設定」グループではできなかった複雑な質感設定ができるようになります。ここではいろいろな効果の設定を学んで、クオリティの高い質感にしていきましょう。

表面にいろいろな表情を付ける

「荒さ」は、映り込んでいるものや透き通った像をぼかすことでオブジェクトの表面に微妙な凸凹を施したような効果を出す機能です。「反射」や「透明」、「屈折」が設定されてる時のみ有効で、レンダリング手法の「パストレーシング」で効果を確認することができます。

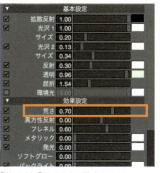

「荒さ」を「0.70」に設定します

オブジェクトの表面材質に「荒さ」を設定してスリガラスのような質感にしてみました

メタリック感を再現

「メタリック」は、擬似的に映り込みのむらを表現して金属的な質感を再現する機能です。周りに映り込ませるものや背景などを配置しなくても、手軽に金属感を表現することができます。他に「マッピング」グループの「パターン」ポップアップメニューの「スポット」と、「属性」ポップアップメニューの「環境」を使うことで、より詳細な設定を行うことが可能です。「統合パレット」から「背景」などの設定をして背景の画像などを映り込ませることでリアルな表現ができます。

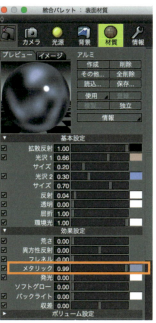

「メタリック」を「0.99」に設定し、カラーボックスに色を設定します

メタリックな金属感を表現できました

〉〉〉〉〉〉〉〉 オブジェクトの表面にヘアラインのような効果を付ける

「異方性反射」を設定をすることで、金属のような光りの筋をオブジェクトに入れてヘアラインのような光沢を表現することができます。この設定は「光沢」の設定と併用することで機能させることができます。「基本設定」の「光沢」の強さや大きさで「異方性反射」の強弱を変えることができ、+方向と-方向で縦横の方向を変化させることができます。さらに「パターン」ポップアップメニューの「スポット」と「属性」ポップアップメニューの環境を組み合わせて使い、メタリック感をだすとよりリアルなヘアラインの質感を表現できます。また「異方性反射」は「光沢」以外に「荒さ」なども設定することができ、反射をぼかすなどより詳細な設定が行えます。

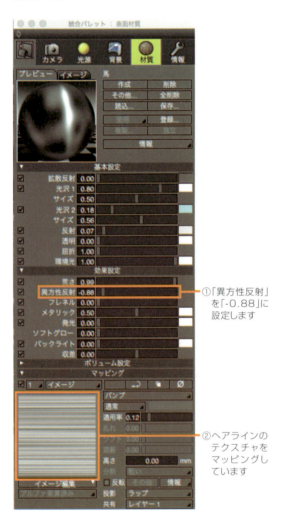

①「異方性反射」を「-0.88」に設定します

②ヘアラインのテクスチャをマッピングしています

ステンレスのマグカップとベアリングにヘアラインのような質感を再現してみました。この機能を覚えればいろいろなところで使えます

ヘアラインの設定例に加え、さらに「荒さ」なども設定してみました

発光の効果

「発光」の設定を行うことで、オブジェクトが擬似的に光っているような効果を表現できます。レンダリング設定の「大域照明」→「パストレーシング」でレンダリングすることで、実際に光源にすることも可能です。その際はスライダではなく直接数値入力で大きな数値を入れないと周りを明るく照らすことはできないので注意しましょう。発光色も設定できるので、設定した色で周りを照らすことも可能です。

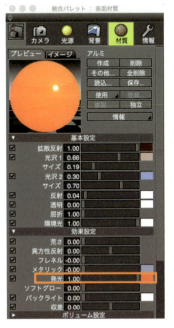

馬のオブジェクトの発光の影響で、ほんのり周りが明るくなっていることがわかります

建物のネオン管に「発光」を設定した作品例

〉〉〉〉〉〉〉 発光の輪郭のぼけ具合を設定する

「効果設定」グループの「発光」は、同じグループの「ソフトグロー」と併用することで輪郭をぼかすことができます。ぼんやり光っているような効果や、炎のような効果を出すような効果が実現可能です。輪郭をぼかしたように表現するには、「基本設定」グループの「透明」を設定し、「拡散反射」の設定を下げるか暗い色を設定しましょう。

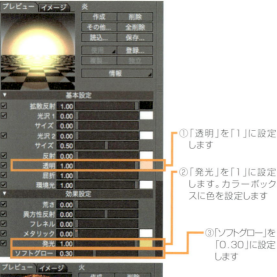

①「透明」を「1」に設定します
②「発光」を「1」に設定します。カラーボックスに色を設定します
③「ソフトグロー」を「0.30」に設定します

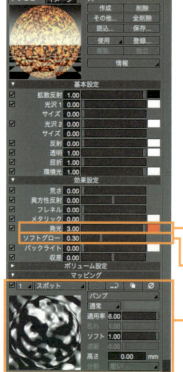

①「発光」を「3」に設定します
②「ソフトグロー」を「0.30」に設定します
③「属性」ポップアップメニューは「バンプ」を選択し「適用率」を「6」に設定します

「発光」と「ソフトグロー」の効果は、設定の仕方によって炎が燃えているような効果を設定することも可能です

⟫⟫⟫⟫⟫⟫⟫ オブジェクトの中で輝かせる効果を設定

「バックライト」は、オブジェクトの中にライトなどの光源を入れた場合に、そのオブジェクトの中にあるライトで発光しているような効果を表現する機能です。オブジェクトの中に入れたライトの拡散反射の色には必ず明るい色を設定しましょう。パート内の拡散反射色に暗い色が設定されていたり、ライトの拡散反射色にチェックが入っていなかったりすると、暗い色をそのまま受け継いでしまい、ライトの効果が現れない場合があります。

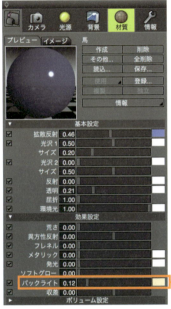

「バックライト」を「0.12」に設定

車のリフレクターの中に光源を配置して、ライトのレンズに「バックライト」を設定してみました。左下のレンダリング画像は「バックライト」を設定したもので、右下のレンダリング画像は「バックライト」を設定していません。現実の世界では透明な物体の裏に光源を置けば光が透過しますが、Shadeの世界では「バックライト」の設定をしないと光を透過させることができません。

「バックライト」を「0」に設定した状態

「バックライト」を「0.2」に設定した状態

3-7 様々なテクスチャ（模様）を設定する

「マッピング」グループでは、オブジェクトにテクスチャ（模様）や凸凹をつけたり、形状をカットしたような効果を表現することができます。モデリングだけでは困難なことも、テクスチャを上手く設定すれば見ごたえある作品が作れるようになります。

》》》》》》》 マッピングでチェック模様を再現する

STEP

Shadeにはあらかじめ用意されたパターンで模様を作成する機能が搭載されています。パターンには「木目」「ストライプ」「チェック」「スポット」「大理石」などがあり、パターンの色や大きさの適用率なども設定できるので、設定次第で様々なテクスチャーを作ることが可能です。ここで設定を行う「マッピング」グループは、「基本設定」グループの下部にあります。まずは「基本設定」グループで基本的な設定を行った上で、「効果設定」グループのマッピングの基本的な機能を紹介していきましょう。

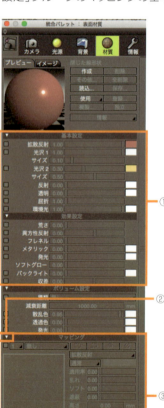

①「基本設定」と「効果設定」を図のように設定します

②トグルボタン（▼）をクリックして、マッピングのスライダを展開します

③ここで「マッピング」を設定します

④基本的な材質が設定されました

STEP 2

「パターン」ポップアップメニューを「チェック」に設定します。オブジェクトにチェック柄がつきましたが、柄のサイズが小さすぎるようです。

①「パターン」ポップアップメニューで「チェック」を設定します

②対象にチェック柄がつきましたが、柄のサイズが小さすぎます

STEP 3

チェック柄のサイズを拡大します。「テクスチャのサイズを拡大」ボタンを3回クリックします。チェック柄が拡大されましたが、柄が正しくマッピングされていません。

①「テクスチャのサイズを拡大」ボタンを3回クリックします

②チェック柄が適切なサイズになりましたが、柄が正しくマッピングされていません

STEP 4

現在選択されている「投影」ポップアップメニューの「ラップ」は、形状を包み込むように貼るマッピング方法です。ここでは「投影」ポップアップメニューを「Z」に変更してみます。「Z」とは奥行き方向に貼るマッピング方法です。チェック柄がZ方向から正しく投影されました。

②チェック柄が適切にマッピングされました

①「投影」ポップアップメニューを「Z」に設定します

STEP 5

「マッピング」グループの「カラーボックス」に赤を設定します。レンダリングしてみるとオブジェクトのチェック柄が赤に変わりました。

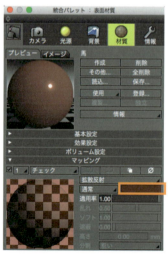

②緑のチェック柄が赤のチェック柄に変わりました

①「カラーボックス」に赤を設定します

〉〉〉〉〉〉〉〉 レイヤーを複製/削除する

STEP 1

「マッピング」グループのレイヤーは、複数のレイヤーを重ねてより複雑な材質設定が可能な機能です。Photoshopのレイヤーのように加算、減算、乗算ができます。最初に「レイヤー」ボタンをクリックして、現在のレイヤーの一覧を確認しましょう。マッピングを適用したばかりなので、レイヤーは「1」しかありません。

①「レイヤー」ボタンをクリックして、現在のレイヤーを確認します

②全レイヤーは「レイヤー1」しかないことが確認できます

STEP 2

「複製」ボタンをクリックして、現在選択中のマッピングを新規レイヤーに複製します。レイヤーボタンをクリックしてみると、レイヤーが複製されたことが確認できます。

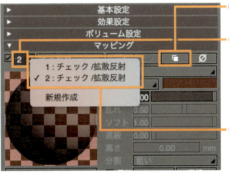

①「複製」ボタンをクリックします

②「レイヤー」ボタンをクリックして、現在のレイヤーを確認します

③「レイヤー1」が複製された「レイヤー2」が追加されたことが確認できます

STEP 3

Standard版以上のグレードでは、「共有」でテクスチャのサイズや座標などを複数のレイヤーで共有することができます。レイヤー順の並び替えや、他のレイヤーにコピーしたり削除することが可能です。

「共有」ボタンをクリックして、共有したいマッピングレイヤーを選択します。以後はマッピングの座標を共有できます

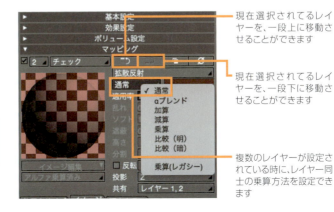

現在選択されてるレイヤーを、一段上に移動させることができます

現在選択されてるレイヤーを、一段下に移動させることができます

複数のレイヤーが設定されている時に、レイヤー同士の乗算方法を設定できます

125

STEP 4

「削除」ボタンをクリックします。現在選択中のレイヤーが削除されました。「レイヤー」ボタンをクリックすると、レイヤーが削除されたことが確認できます。

① 「削除」ボタンをクリックします

② 「レイヤー」ボタンをクリックして、現在のレイヤーを確認します

③ 「レイヤー2」が削除され、「レイヤー1」のみが表示されました

》》》》》》》「表面材質」の書き出しと読み込み

STEP 1

設定した「表面材質」は、「表面材質」ウインドウの「保存」ボタンをクリックして、保存することができます。

① 「保存」ボタンをクリックします

② 「表面材質」を書き出します

STEP 2

「表面材質」の「読込」ボタンをクリックして、保存した「表面材質」設定を読み込むことができます。他のシーンで保存した表面材質設定を使いたい場合に便利な機能です。

① 「読込」ボタンをクリックします

② 「表面材質」を読み込みます。表面材質を保存して管理しておくと、新しく作品を作る際に役に立ちます

〉〉〉〉〉〉〉 表面に凸凹に見えるマッピングをしてみよう

STEP 1

「属性」ポップアップメニューには、「光沢1」「光沢2」「反射」「透明度」「バンプ」「トリム」といういろいろな効果を実現する機能が搭載されています。それらの機能はスライダで強弱をつけることが可能です。現在は「レイヤー1」しかない状態なので「複製」ボタンをクリックして、現在選択中のマッピングを複製します。「属性」ポップアップメニューは「バンプ」を選択します。

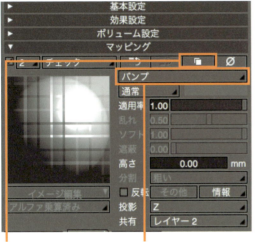
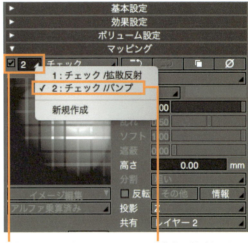

①「複製」ボタンをクリックして、「レイヤー1」を複製します

②「属性」ポップアップメニューは「バンプ」を選択します

③「レイヤー」ボタンをクリックします

④「バンプ」が適用された「レイヤー2」が複製されていることを確認できます

STEP 2

メインメニューの「レンダリング」メニュー→「すべての形状をレンダリング」を選択して、形状の状態を確認します。模様に加えて形状に凸凹がついたことが確認できます。

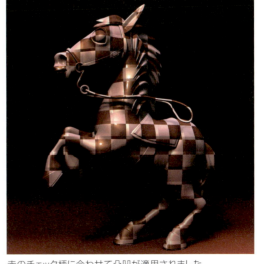

赤のチェック柄に合わせて凸凹が適用されました

127

》》》》》》》「パターン」で様々な模様を設定

「パターン」ポップアップメニューには、あらかじめいろいろなパターン（模様）が用意されています。この「パターン」を使っていろいろな効果を実現することができます。オブジェクトに様々な模様を設定してみましょう。

● 丸太の模様を設定

「丸太」のパターンと「拡散反射」の色を組み合わせて丸太の年輪のような模様を実現できます。「拡散反射」のカラーボックスの色や「乱れ」、「適用率」の設定で、いろいろな柄や色の年輪模様を作ることが可能です。投影方向も「X」「Y」「Z」「ボックス」から選べます。

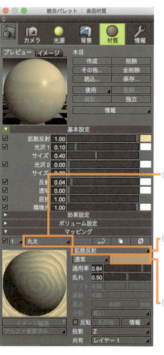

① 「パターン」ポップアップメニューから「丸太」を選択します

② 「属性」ポップアップメニューは「拡散反射」を選択します

③ 「カラー」は茶色系の色を選択します

自動車のインパネとステアリングホイールの木目部分を「パターン」の「木目」と「属性」の「拡散反射」を使い、表現しました

● 大理石の模様を表現

「パターン」ポップアップメニューの「大理石」と「属性」ポップアップメニューの「拡散反射」と色を組み合わせることにより大理石のような模様を作ることができます。「拡散反射」のカラーボックスの色や「乱れ」の適用率の設定で様々な柄や色の大理石の模様を作ることが可能です。投影方向も「X」「Y」「Z」「ボックス」などから選ぶことができます。

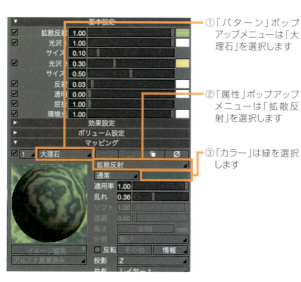

① 「パターン」ポップアップメニューは「大理石」を選択します

② 「属性」ポップアップメニューは「拡散反射」を選択します

③ 「カラー」は緑を選択します

● 海や波の模様を表現

「パターン」ポップアップメニューの「海」や「波」のパターンと、白黒の濃淡で凸凹を表現する「属性」ポップアップメニューの「バンプ」の属性を組み合わせることで海や波のような水面を表現することができます。「サイズ」や「適用率」を変えることで幅広い表現が可能です。

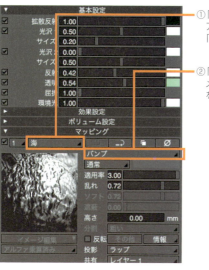

① 「パターン」ポップアップメニューは「海」を選択します

② 「属性」ポップアップメニューは「バンプ」を選択します

● 木目の材質を表現

「パターン」ポップアップメニューの「木目」と「属性」ポップアップメニューの「拡散反射」を組み合わせることで木目のような模様を実現できます。「拡散反射」のカラーボックスの色や「乱れ」、「適用率」の設定で様々な木目模様を作ることが可能です。投影方向も「X」「Y」「Z」「ボックス」から選ぶことができます。

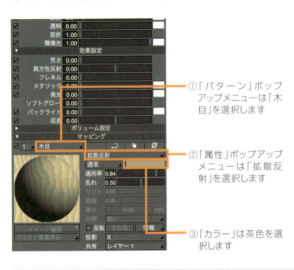

①「パターン」ポップアップメニューは「木目」を選択します

②「属性」ポップアップメニューは「拡散反射」を選択します

③「カラー」は茶色を選択します

● 金属らしい映り込みを表現

「パターン」ポップアップメニューの「スポット」と、「属性」ポップアップメニューの「環境」を組み合わせて、金属的な映り込みを疑似的に実現できます。「表面材質」の「効果設定」グループの「メタリック」と同じような効果ですが、サイズや映り込みの輪郭をぼかすなど、より詳細な設定が可能です。

①「パターン」ポップアップメニューは「スポット」を選択します

②「属性」ポップアップメニューは「環境」を選択します

③「カラー」は黄色系を選択します

〉〉〉〉〉〉〉 形状にリアルな凸凹を表現

「属性」ポップアップメニューの「ディスプレイスメント」マッピングは、表面に本物の凸凹を実現する機能です。先に紹介した「バンプ」マッピングはグレースケールの画像を使いオブジェクトを擬似的に凸凹してるように見せているだけのマッピングの方法ですが、「ディスプレイスメント」マッピングはオブジェクトの表面にリアルな凸凹を作れるため、よりリアルな表現ができます。岩のように凸凹したものを表現する時にとても効果的です。

「属性」ポップアップメニューの「ディスプレイスメント」はStandard版とProfessional版のみに搭載されている機能です

バンプマッピングでは表現できない凸凹の高さが表現できます。オブジェクトの輪郭を見てみると、ちゃんと凸凹があるのを確認することができます

一方、「属性」ポップアップメニューのバンプマッピングは擬似的に凸凹してるように見せているだけなので、高い数値を入れても凸凹の高さまでは表現できません

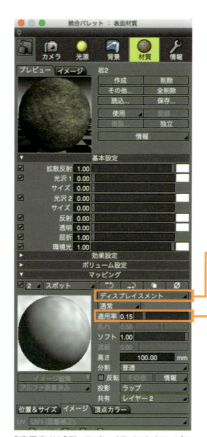

「属性」ポップアップメニューは「ディスプレイスメント」を設定します

「適用率」は「0.15」を設定します

「適用率」は「ディスプレイスメント」マッピング時の分割数を設定しますが、分割数が高いほど綺麗なマッピングにすることができます

131

3-8 表面材質に画像を設定する

「パターン」ポップアップメニューの「イメージ」は、写真やイラストなどの画像を読み込んで「パターン」として使用できる機能です。「表面材質」として適用したり、ロゴやマークなどを指定の位置に貼り付けたりできます。

写真を材質として適用してみよう

STEP 1

「パターン」ポップアップメニューの「イメージ」は、写真やイラストなどの画像を読み込んで「パターン」として使用できる機能です。「表面材質」として適用したり、ロゴやマークなどを指定の位置に貼り付けたりできます。

①イラストやスキャンした画像、素材集などを用意します。レタッチソフトなどでつなぎ目のないシームレス画像に加工するか、テクスチャタイリングの「ミラー」などを使い、マッピングを行います

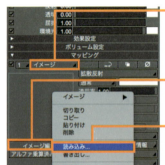

②「パターン」ポップアップメニューから「イメージ」を選択します

③「イメージ編集」をクリックします

④「読み込み」を選択し、用意したコルクのテクスチャ画像を選択します

STEP 2

「属性」ポップアップメニューで「拡散反射」を選択して、ビンの蓋にコルクを適用してみました。

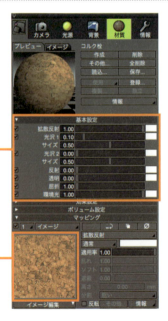

①「基本設定」グループを設定します

②コルク模様の画像を読み込みます

③ビンの蓋にコルク模様の画像がマッピングされました

STEP 3

レイヤーを追加して、「バンプ」と組み合わせてみました。「属性」を組み合わせただけで、いろいろな質感を設定することができます。

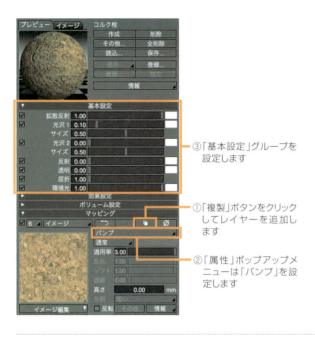

③「基本設定」グループを設定します

①「複製」ボタンをクリックしてレイヤーを追加します

②「属性」ポップアップメニューは「バンプ」を設定します

コルクのビンの蓋にバンプを追加することで凹凸感がプラスされ、さらにリアルになりました

STEP 4

複数のレイヤーを組み合わせて使う際は、他のマッピングと座標や大きさがずれないよう注意しましょう。サイズは「位置&サイズ」タブの「M」でコピーして「R」で適用させることができます。座標を合わせたい時は、「数値入力」をクリックして、「カーソル座標に設定」で合わせることができます。

STEP 5

Standard版やProfessional版では、「共有」ポップアップメニューで共有させたいレイヤーを選んでマッピングの位置やサイズなどを他のレイヤーと連動させることができます。1つのレイヤーのサイズを変えただけで、他のレイヤーのサイズも同時に変更することができます。

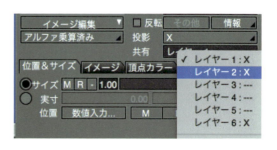

133

〉〉〉〉〉〉〉〉 テクスチャをシームレスにマッピングする

シームレスでないテクスチャを、Shade上でつなぎ目が出ないようマッピングすることが可能です。「タイリング」の「ミラー」を使うと、テクスチャを鏡面反転させながらタイル状に並べてマッピングしていくので、つなぎ目が目立ちません。

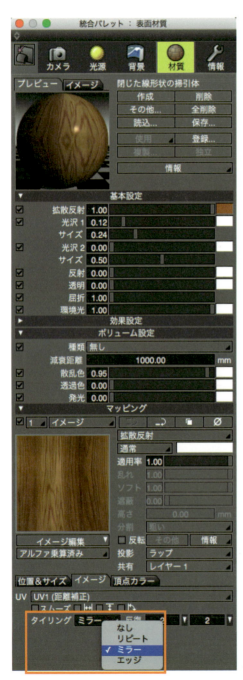

シームレスに加工していないイメージ

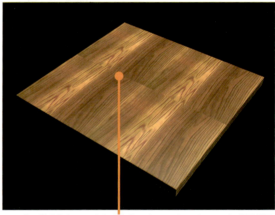

マッピング画像をシームレスに加工していないので、つなぎ目が目立ちます

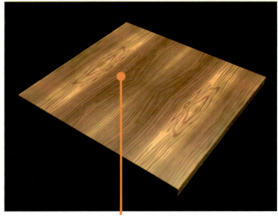

「タイリング」を「ミラー」に設定して、マッピングしてみました。ミラー反転して貼り付けているので、つなぎ目が目立ちません

〉〉〉〉〉〉〉〉 画像の端を引き延ばしてマッピング

「マッピング」グループ→「イメージ」タブ→「タイリング」ポップアップメニューの「エッジ」は、「投影」マッピングなどでオブジェクトに余白が出るようにマッピングしても、画像の端の部分を引き延ばしてマッピングしてくれる機能です。エッジの部分のみ拡張してくれるので、グラデーションのようなイメージで効果を発揮することができます。

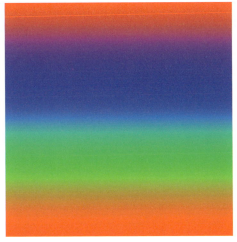

元のイメージ

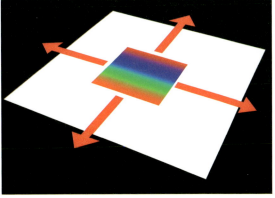

投影マッピングでオブジェクトより小さめにマッピングしてみました

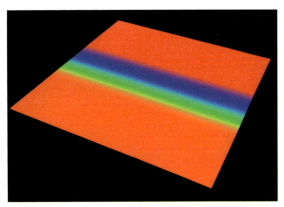

「タイリング」に「エッジ」を適用すると、オブジェクトの余白の部分に画像の端の部分だけが引き延ばされてマッピングされています

〉〉〉〉〉〉〉〉 タイヤのトレッドパターンを表現

STEP 1

「バンプ」を使って、自動車のタイヤのトレッドパターンを表現した例を紹介します。「タイヤのイメージ画像」と「バンプマッピング用のグレースケールの画像」の2枚を用意して、「表面材質」を設定します。

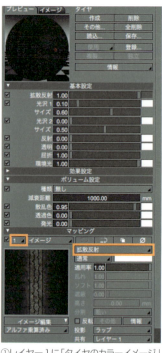

①レイヤー1に「タイヤのカラーイメージ」を読み込みます。「属性」ポップアップメニューは「拡散反射」を設定します

②レイヤー2に「タイヤのグレーイメージ」を読み込みます。「属性」ポップアップメニューは「バンプ」を設定します

③設定したレイヤーは図のような状態です

STEP 2

タイヤのトレッドパターンをモデリングだけで表現するのはとても困難です。そのような場合は「バンプ」を使うことで解決できます。

》》》》》》 バンプマッピング機能で幌のシワを表現する

布の質感をリアルに表現するためにはシワを入れると効果的です。今回は、自動車などの幌のシワを、幌のテクスチャとバンプマッピングを組み合わせて表現してみました。「幌の皺」のテクスチャ2つと「布地のテクスチャ」のバンプを使い、「表面材質」を設定しています。

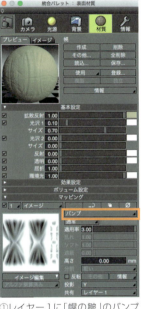

①レイヤー1に「幌の皺」のバンプイメージを読み込み、Y軸方向に「属性」ポップアップメニューの「バンプ」を設定します

②レイヤー2にも「幌の皺」のバンプイメージを読み込み、Z軸方向に「属性」ポップアップメニューの「バンプ」を設定します

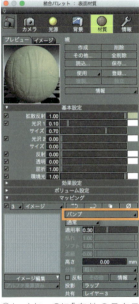

③レイヤー3に「布地のテクスチャ」のイメージを読み込み、「属性」ポップアップメニューの「バンプ」を設定します

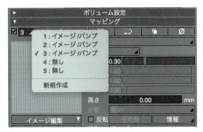

④設定したレイヤーは図のような状態です

⑤自動車の幌の部分にシワが表現されました

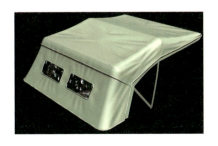

》》》》》》》「トリム」で切り取ったようにマッピングする

「属性」ポップアップメニューの「トリム」は、グレースケールの画像や「パターン」ポップアップメニューを用いて不要な部分を切り抜くことができるマッピング機能です。複雑に切り抜かれたオブジェクトが必要ならば、モデリングで実現するより、「属性」ポップアップメニューの「トリム」マッピングで切り抜いた方が手間が省けて効果的です。「属性」ポップアップメニューの「トリム」はよく使用する機能なので、ぜひ覚えておきましょう。

「属性」ポップアップメニューは「トリム」を選択します

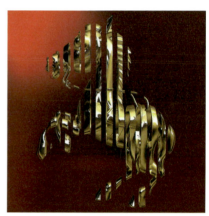

「ストライプ」の模様に合わせて、オブジェクトがカットされました

》》》》》》》グラデーションイメージで切り抜く

ver.16からの新機能である「不透明マスク」を使用することで、グレースケールの画像を「透過率」として扱うことができ、グラデーションイメージなどの画像で切り抜くことが可能になりました。「トリム」などでは透過、不透過の2値でしか扱えないので、グラデーションで切り抜くことは不可能でしたが、「不透明マスク」を使用すれば図のような切り抜きを再現することが可能です。

グラデーションイメージで切り抜いたオブジェクト

イメージにはグラデーションをマッピングしています

下の建物の前に配置してある観葉植物は、「コントロールポイントが4つの閉じた線形状」に観葉植物の画像と「切り抜き用のトリムマッピングの画像」を使い表現しています。これは複雑な形を切り抜きたい時などに大変便利な機能です。別にトリムのレイヤーを用意しなくても、アルファチャンネルを持った画像なら「マッピング」グループの「アルファ透明」を設定することで切り抜くことも可能です。

観葉植物の完成イメージ

閉じた線形状に観葉植物の画像を貼り「トリム」で葉っぱの形に切り抜きました

「レイヤー」の「パターン」ポップアップメニューは「イメージ」、「属性」ポップアップメニューは「拡散反射」に設定しています。この画像はアルファチャンネルを持った画像なので、「マッピング」グループの「アルファ透明」を設定することで別にトリムのレイヤーを使用しなくても透明にすることができます

「レイヤー2」の「パターン」ポップアップメニューは「イメージ」、「属性」ポップアップメニューは「バンプ」に設定しています

切り抜き用トリムの設定

網棚のバンプの設定

網棚に適用した「トリム」の設定例

電車などの網棚の網も、切り抜き用のトリムの画像やバンプの画像を使って網棚を表現することができます

139

3-9 画像を貼る方法

「パターン」ポップアップメニューの「イメージ」で画像をマッピングする際に重要なのは、画像を貼る方法や方向です。Shadeで画像を貼り付ける方法は、一定の方向に貼り付ける「投影」マッピングや画像をオブジェクトに包み込むように貼付ける「ラップ」マッピング、「UV」マッピングなどがあります。モデリング方法によってマッピングの方法も違ってきますので、最も適した方法を選ぶようにしましょう。ここでは先述した「投影」や「ラップ」、「UV」マッピングについて解説していきます。

〉〉〉〉〉〉〉 投影マッピングでテクスチャを貼る方向を設定

イメージマッピングで一番多く使われる方法は「投影マッピング」と呼ばれるマッピング方法です。Shadeには「X」「Y」「Z」の他にも、「ボックス」などで「X」「Y」「Z」の同時方向に貼り付けられる投影マッピングがあります。建物外壁などのタイルやレンガをマッピングする時は非常に便利です。自由曲面で作った人物の顔など、「UV」マッピングできない場合この方法を使いますが、横のテクスチャーが流れてしまうという欠点があります。イメージを思う位置にマッピングしたい場合は、オブジェクトの左下をクリックしてカーソル座標を決定したあと「数値入力」の「カーソル座標に設定」をクリックすればクリックした座標をイメージの左下に合わせることができます。あとはオブジェクトの大きさに合うように、スライダでマッピングのサイズを変更します。「位置&サイズ」タブを選択して「編集」チェックボックスにをチェック入れるとマッピングされる大きさが出るので、それに合わせながらマッピングのサイズを確認しつつ作業するとやりやすいです。

①正面から貼るマッピング画像を用意します

②「投影」ポップアップメニューは「Z」を選択します

招き猫の完成イメージ

③「投影」ポップアップメニューの「Z」は、テクスチャを奥行き方向にマッピングします

〉〉〉〉〉〉〉〉「X」「Y」「Z」のテクスチャを貼る方向を設定

STEP 1

「投影マッピング」を体験してみましょう。「表面材質」の「マッピング」グループの「属性」から「イメージ」を選択し、イメージウインドウ内で右クリックして「読み込み」を選択して画像を読み込みます。

STEP 2

マッピングの投影を、「投影」ポップアップメニューの「X」「Y」「Z」「ボックス」から選びます。上から見下ろす方向にマッピングさせたい時は「Y」、手前から奥行き方向にマッピングさせたい時は「Z」、右側面から左方向にマッピングさせたい時は「X」を選びます。「X」「Y」「Z」を同時にマッピングさせたい時は「ボックス」を選択します。

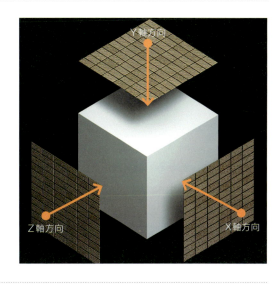

STEP 3

「投影」ポップアップメニューから「Z」を選択して、レンダリングします。しかし、サイズが合っていないため、レンガがかなり小さくレンダリングされました。

①「投影」ポップアップメニューは「Z」を選択します

②Z方向からマッピングされましたが、サイズが合っていません

STEP 4

マッピングの位置やサイズを調節します。マッピングは左下が原点になります。最初に、「図形」ウインドウのオブジェクトの左下に3次元カーソルを移動させて、クリックしてカーソルの位置を固定します。「数値入力」ダイアログの「カーソル座標に設定」をクリックして、位置を原点に合わせます。

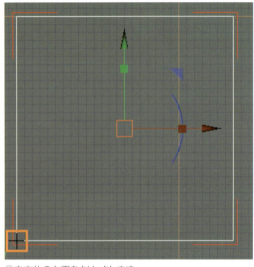

①立方体の左下をクリックします

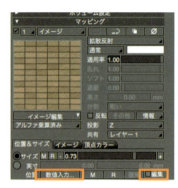

②「編集」チェックボックスにチェックを入れて、「数値入力」をクリックします

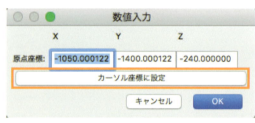

③「カーソル座標に設定」をクリックします

STEP 5

「編集」チェックボックスにチェックを入れるか、作業画面をマッピングに切り替えて「図形」ウインドウでオブジェクトとマッピング画像の大きさを調節します。メインメニューの「レンダリング」メニュー→「レンダリング開始（すべての形状）」を選択して、形状の状態を確認します。マッピングが適切な大きさになったことがわかります。

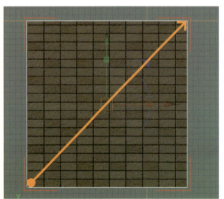

左下に原点を合わせてからサイズを調整します

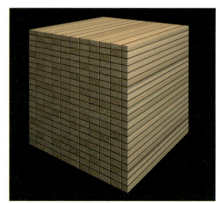

STEP 6

タイルやレンガなどは「投影」ポップアップメニューの「ボックス」を設定します。「X」「Y」「Z」同時方向に貼り付けられました。

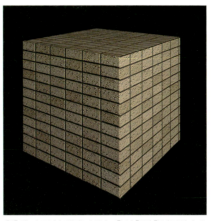

①「投影」ポップアップメニューは「ボックス」を選択します

②「ボックス」を設定すると、「X」「Y」「Z」同時方向に貼り付けることが可能です

STEP 7

「ボックス」は建物の壁を表現する際に使うと効果的です。

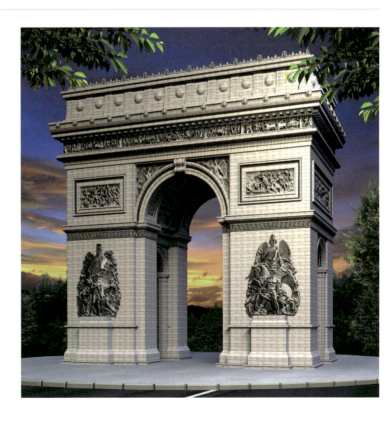

》》》》》》 オブジェクトを包み込むようにマッピングする

「投影」ポップアップメニューの「ラップ」は、自由曲面などの形状の四隅とイメージの四隅を一致させてマッピングすることができるマッピング方法です。座標や投影軸を意識せずマッピングすることが可能です。オブジェクトの移動によってマッピングがずれたりすることはありませんが、複雑な形状だとマッピングは歪んでしまうこともあります。マッピングの縦横反復回数を指定することで、レンガやタイルなど繰り返しマッピングすることができます。「ラップ」マッピングは一度テクスチャを貼ってみてレンダリングしてみないとどのように貼られているか予測がつきません。仮にグリッドのテクスチャなどを貼って、テストレンダリングしてみた結果から、マッピングの状態を判断するようにしましょう。

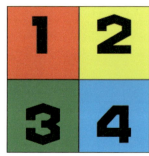

テストに使用したテクスチャ

テストのテクスチャをタイヤに適用した状態

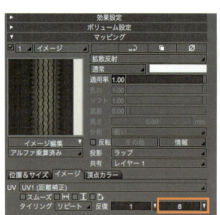

タイヤに使用したテクスチャ

タイヤのレンダリングイメージ

必要に応じて縦のマッピングの回数を設定します

》》》》》》》 マッピングのテクスチャの向きや角度を設定

マッピングしてみると、思う方向にマッピングされていない場合もあります。そんな時は「イメージ」タブの「左右反転」や「上下反転」、「90°回転」などにチェックを入れて調整します。「タイリング」の「反復」を使うとイメージをくり返してマッピングすることも可能です。縦、横それぞれ反復回数を指定することもできます。

「左右反転」「上下反転」「90度回転」は設定していません

何も適用されていない状態です

「左右反転」にチェックを入れます

テクスチャが左右反転しました

「上下反転」にチェックを入れます

テクスチャが上下反転しました

「90度回転」にチェックを入れます

テクスチャが90度時計回りに回転しました

〉〉〉〉〉〉〉 マッピングのテクスチャの反復回数を設定

「タイリング」の「反復」は、縦、横の反復回数を指定することが可能です。

「反復」を横「2」、縦「1」に設定します

テクスチャが横に2回反復しました

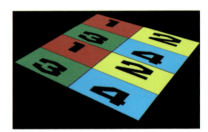

「反復」を横「1」、縦「2」に設定します

テクスチャが縦に2回反復しました

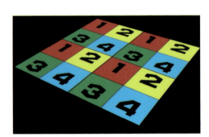

「反復」を横「2」、縦「2」に設定します

テクスチャが縦に2回、横に2回反復しました

「反復」を横「3」、縦「3」に設定します

テクスチャが縦に3回、横に3回反復しました

自由曲面の逆転や切り替えなどでテクスチャの向きを変える方法

表面材質の「左右反転」や「上下反転」、「90度回転」の他に、自由曲面を逆転させることでテクスチャの方向を切り替える方法もあります。例えば同じ表面材質の人物の髪のテクスチャーが「マスターサーフェス」に登録されていて、一部の髪テクスチャーが横を向いていたり反対を向いていたりすることがよくありますが、こういう時に上手く対処する方法を学んでいきましょう。

上下さかさまの形状や横を向いてる形状のマッピングの向きを統一したいと思います。意図しない方向にマッピングされている形状だけを選んで「表面材質」の「マッピング」グループ→「イメージ」タブで向きを変えてみましたが、マスターサーフェイスに登録されているので、他の形状の向きが変わってしまいました。

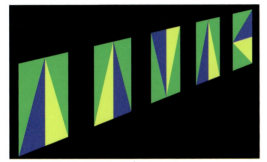

テクスチャの向きがバラバラにマッピングされています。これを同じ方向にマッピングし直したいと思います

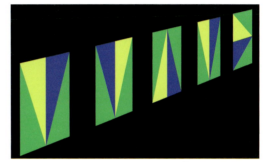

テクスチャの向きを直したい形状を選んで「表面材質」で向きを変えても、マスターサーフェスに登録されてしまっているため、他の形状の向きが変わってしまいました

このような場合は、マッピングされている形状を選んで「表面材質」で向きを変えるのではなく、その自由曲面の中にある線形状の始点や終点の向きを変えたり、90度切り替えなどで向きを変えることで解決できます。方法について詳しく見ていきましょう。「左右反転」や「上下反転」は、ツールボックスの「編集ツール」→「線形状」→「編集」グループ→「逆転」でテクスチャの方向を切り替えることができます。

逆転

「逆転」を選択すると、「自由曲面」の中の線形状の始点と終点が切り替わります。そうすることでテクスチャの方向を切り替えることができます。

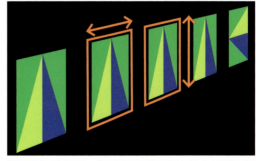

「自由曲面」を選択し、「逆転」を適用することで、1つを除いて方向が揃いました

左から2番目と3番目は、「逆転」によってテクスチャの向きを揃えることができましたが、一番奥の形状のテクスチャが90度横を向いています。これを直していきましょう。

テクスチャを90度回転させるには、一度自由曲面から線形状を取り出し、自由曲面を切り替えてから再び線形状を自由曲面の中に戻します。こうすることでテクスチャの方向を90度回転させることができます。その場合、自由曲面の中に入れた「開いた線形状」が「閉じた線形状」になることがあるので、「開いた線形状」に変換しておきましょう。テクスチャが半分しかマッピングされていない時は「閉じた線形状」になっています。

①「自由曲面」から線形状を取り出します

②切り替えます

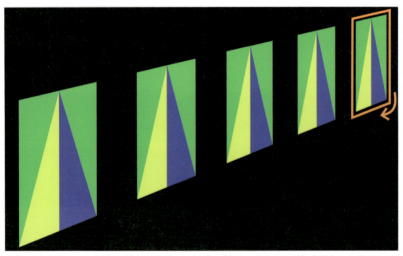

③再び線形状を「自由曲面」の中に戻します

④「自由曲面」の縦と横が切り替わり、矢印のマッピングを90度方向に回転させることができました。これでテクスチャの方向が全て揃いました

ポリゴン形状にマッピングする方法

● UVマッピング

ポリゴン形状でモデリングしたオブジェクトなら、「UV」マッピングの設定でテクスチャを貼り付けることができます。「UV」マッピングは「ラップ」マッピングと同様にポリゴンのオブジェクトを包み込むようにマッピングすることができるので、移動や変型によってテクスチャがずれたり「投影」マッピングのように画像が流れることもありません。ポリゴンのワイヤフレームを色々な状態で平面に展開させた画像を出力できるので、それを下絵にしてPhotoshopなどでテクスチャを描き、再びポリゴンに貼り付ける工程で行います。

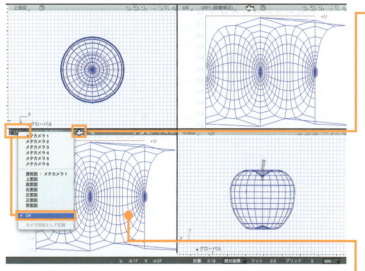

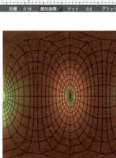

出力されたワイヤフレームを下絵にしてPhotoshopなどでテクスチャを描いていきます

完成図

展開方法を選び、「全ての面を展開」で展開図が表示されます。確認して問題がないようであれば、展開図を出力してPhotoshopなどでテクスチャを描いていきます

「図形」ウインドウの各図面の左上にある「図面切り替え」ポップアップメニューから「UV」を選択するとUV編集ができるようになります。「ツール」メニューより「UV」→「UV作成」を選択すると、「投影」「円柱」「球」「ボックス」などから展開方法や方向などを選ぶことができます。展開方法を決めたら「UV作成」の「全ての面を展開」をクリックすることで展開図が表示されます。問題がなければ「ツール」メニューから「UV」→「UVを画像ファイル出力」で画像サイズなどを設定してからワイヤフレームの画像を書き出します。その画像を下絵にしてPhotoshopなどでテクスチャを描いてから、再び画像を読み込んでマッピングが完成となります。

〉〉〉〉〉〉〉〉 いろいろなUV作成方法

ポリゴンオブジェクトのUV作成では、いろいろなUVの展開方法を選択できます。「UV作成」ウインドウには「LCSM」「投影」「円柱」「球」「ボックス」などがあるので、オブジェクトの形状に一番適した展開方法を選ぶことが大切です。

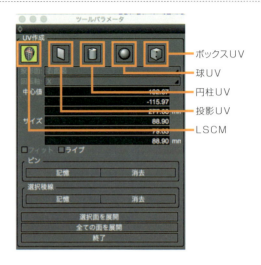

● LSCM

「LSCM」はStandard版以上に搭載された展開方法です。任意の位置を指定して展開することが可能で、顔などの複雑なオブジェクトに一番適しています。

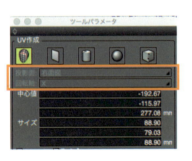
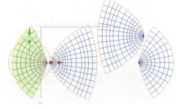

● 投影UV

「投影」は投影マッピングのように一方向から360度開いた状態で展開することができます。ここでは「投影面」に「右面図」を選びました。

● 円柱UV

「円柱」は円柱状にアジの開きのように展開することができます。ここでは「回転軸」に「X」を選択しました。

 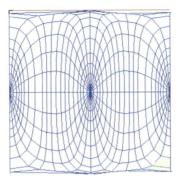

● 球UV

「球」の展開方法も球状にアジの開きのように展開することができます。球状のオブジェクトにマッピングする時はこれが一番よいようです。ここでは「回転軸」に「X」を選択しました。

 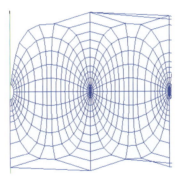

● ボックスUV

「ボックス」は箱のようにオブジェクトを六面に分けて展開することができます。箱のような単純な形状のオブジェクトではこれが一番適しているようです。

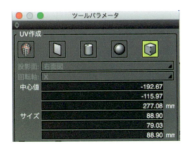

3-10 イメージマッピングのテクニック

テクスチャと「属性」ポップアップメニューを組み合わせることで、より複雑な材質を実現することが可能です。イメージを使った表面材質のテクニックを紹介します。

〉〉〉〉〉〉〉 部分的に「表面材質」を合成する

STEP

「ホワイトキーマスク」または「ブラックキーマスク」は、マッピングの「黒」または「白」の部分を上部階層に設定した表面材質に置き換えることができる機能です。白や黒などの不要な部分を切り取れる機能で、文字などをマッピングしたい場合に必ず使用します。ここの例では、ブラウザの上部階層にピンクのプラスチックの材質を設定しました。

完成イメージ

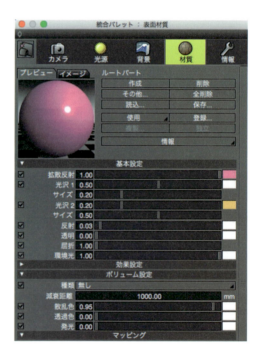

ブラウザの上部階層の「表面材質」をピンクに設定しています

STEP 2

ブラウザの下層階層には、マッピングを設定します。下層階層の「表面材質」の「その他」ボタンにある「ホワイトキーマスク」または「ブラックキーマスク」を設定すると、テクスチャの白や黒が透過して親階層の「表面材質」と置き換えられます。キーマスクは、100％の白や黒のテクスチャでなければ適用されません。

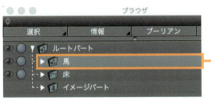

①ブラウザの下部階層の「表面材質」にマッピングを設定します

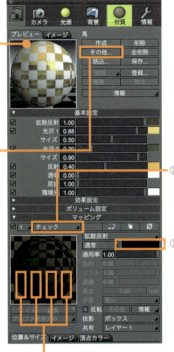

②「パターン」ポップアップメニューを「チェック」に設定します

③白100％、または黒100％に設定します。ここでは黒100％に設定しています

テクスチャに設定した黒の部分が「ブラックキーマスク」の設定によってマスクされ、上部階層の表面材質に置き換えられます

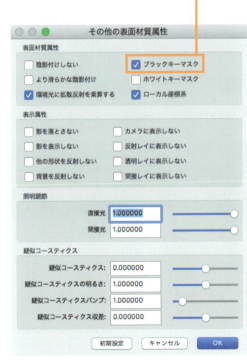

④「その他の表面材質属性」の「ブラックキーマスク」にチェックを入れます。黒の部分が切り抜かれ、上部階層に設定した表面材質に置き換えられます

さびのイメージテクスチャとキーマスクを使えば、このような複雑な質感を設定することも可能です

〉〉〉〉〉〉〉 オブジェクトにロゴやマークをマッピングする

STEP 1

ステッカーマッピングとは、「ホワイトキーマスク」や「ブラックキーマスク」を使用し、不要な部分を切り取り、必要な部分のみをブーリアンレンダリングで他のオブジェクトにマッピングさせる機能です。ここでは車の側面にShadeのロゴを貼ってみましょう。はじめに側面に色や質感を設定します。

完成イメージ

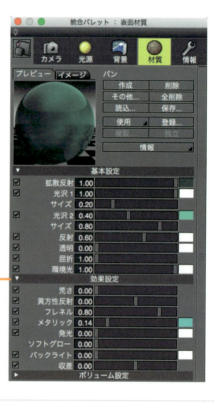

ブラウザの上部階層の「表面材質」に
色や質感を設定します

STEP 2

ロゴマークの画像を用意します。アンチエイリアシングが適用されていると文字の輪郭にゴミが出るので、アンチエイリアシングが適用されていない大きな画像を用意しましょう。

STEP 3

文字をマッピングした「閉じた線形状」を掃引し、形状に貫通するように配置します。

①「閉じた線形状」の掃引体にShadeのロゴをマッピングします

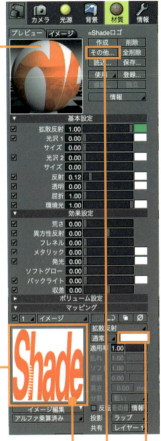

⑤「閉じた線形状の掃引体」の名称に表面材質を置き換える"＝"記号を適用します

③文字の周りを白に設定することで、上部階層の「表面材質」に置き換えられます

②「閉じた線形状の掃引体」の文字の余白部分を白100％に設定します

④「ホワイトキーマスク」で文字をマッピングしたオブジェクトの不要な部分を、上部階層の「表面材質」に適用させています

グラデーションイメージで反射率を変化させる

オブジェクトに白黒のグラデーションの画像を読み込み、「属性」ポップアップメニューの「反射」を設定します。効果をわかりやすく比較するために左右でグラデーションの方向を変えてみました。

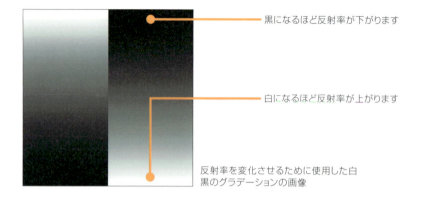

黒になるほど反射率が下がります

白になるほど反射率が上がります

反射率を変化させるために使用した白黒のグラデーションの画像

レンダリング結果を見てみると、白くなるにつれてより反射しているのがわかります。画像の黒い部分は反射率が下がり、白に近いほど反射率が上がっていきます。この特性を活かして、グレースケールの画像を用いて部分的に反射率を上げる設定ができます。

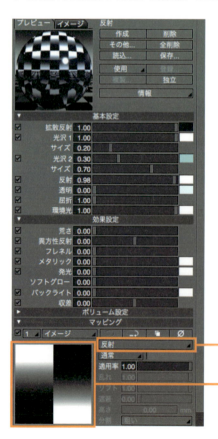

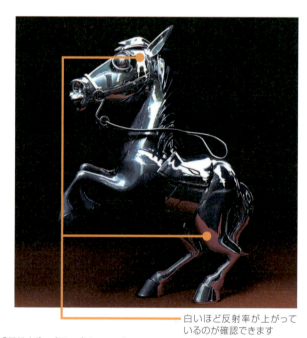

「属性」ポップアップメニューを「反射」に設定します

「イメージ」を設定します

白いほど反射率が上がっているのが確認できます

タイルは高く反射させて、目地はあまり反射させない材質を設定してみましょう。タイル部分のみ反射率を上げて、タイルの反射用のイメージを作成しました。タイルだけ反射率を上げているので、タイルは背景が映り込み、目地は映り込んでいないのが確認できます。

効果をわかりやすくするためタイルの目地を太くしてみました。タイルは反射していますが目地はあまり反射していません

タイルの「反射」マップ用画像

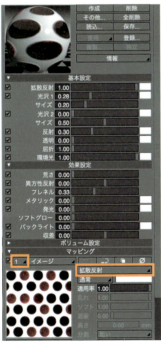

レイヤー1に設定したタイルの「拡散反射」のマッピング設定

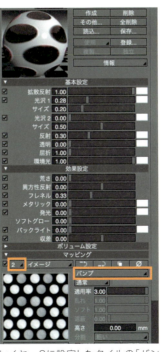

レイヤー2に設定したタイルの「バンプ」のマッピング設定

レイヤー3に設定したタイルの「反射」のマッピング設定

グラデーションイメージで透明率を変化させる

オブジェクトの「イメージ」に白黒のグラデーションの画像を読み込み、「属性」ポップアップメニューの「透明度」を設定します。効果をわかりやすく比較するために、左右でグラデーションの方向を変えてみました。

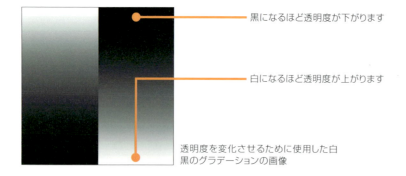

黒になるほど透明度が下がります

白になるほど透明度が上がります

透明度を変化させるために使用した白黒のグラデーションの画像

レンダリング結果を見てみると、グラデーションが白くなるにつれてより透明度が増してしているのがわかります。画像の黒い部分は透明度が下がり、白に近いほど透明度が上がっていきます。この特性を活かして、グレースケールの画像を用いて部分的に透明度を上げる設定ができます。一体でモデリングしたオブジェクトなどを部分的に透明にしたい時に便利な機能です。

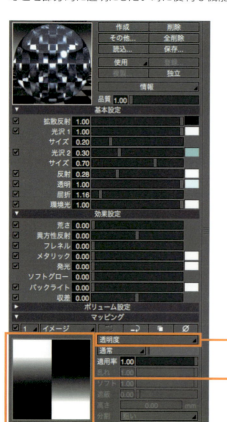

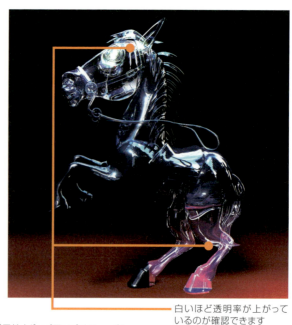

「属性」ポップアップメニューを「透明度」に設定します

「イメージ」を設定します

白いほど透明率が上がっているのが確認できます

「属性」ポップアップメニューの「透明度」でビルの窓を表現してみました。「投影」は「ラップ」から「透明度」で貼り付けています。「属性」ポップアップメニューの「透明度」を使う時は必ず「拡散反射」（イメージマッピング）と併用し、透明にしたい部分は必ず黒にします。このように設定しないと上手く透明にすることができませんので注意しましょう。

窓の部分が透明になるようにマッピングしてみました

樹木などは「トリム」で切り抜いて表現しています

拡散反射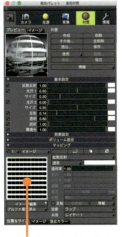
イメージマッピングは透明にしたい部分は必ず黒にする

透明度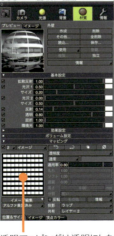
透明マッピングは透明にしたい部分は必ず白にする

反射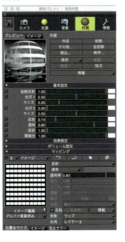

バンプ

〉〉〉〉〉〉〉 オブジェクトの表面に汚しや迷彩柄のような模様を付ける

「パターン」ポップアップメニューの「スポット」や合成モードの「乗算」を設定をすることで、迷彩柄やウェザリング（汚し）のような効果を実現することができます。拡散反射の色やパターンと汚しのテクスチャーなどを乗算合成することで、装甲車などの車体の汚れた質感を表現できます。

汚し用のテクスチャ

マッピングレイヤー1に、汚し用のテクスチャを「乗算」合成しています

車体の汚れた表現に加えて、「パターン」ポップアップメニューの「スポット」などを追加し、迷彩柄を表現してみました。

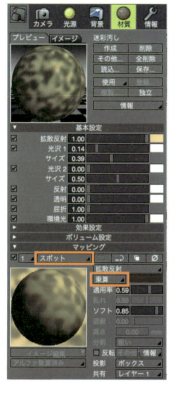
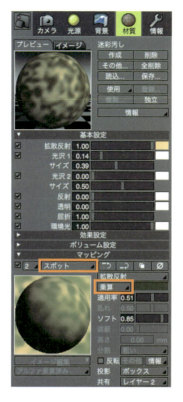

TIPS

上位グレードに搭載されているユニークな質感設定

ShadeのStandard版とProfessional版には、表面材質に「ボリューム設定」が搭載されています。大きく分けて「ボリュームレンダリング」と「サブサーフェススキャタリング」の2つの機能で成り立っています。「ボリュームレンダリング」は、形状では作成しにくいような雲や煙などを表現したい場合に使います。「マッピング」グループの「属性」ポップアップメニューの「ボリューム減衰距離」でいろいろな効果を出すことができます。

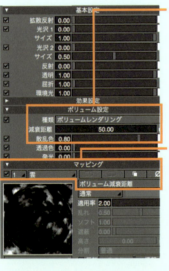

①「種類」ポップアップメニューを「ボリュームレンダリング」、「減衰距離」は「50」、「散乱色」は「0.8」に設定します

②「パターン」ポップアップメニューは「雲」、「属性」ポップアップメニューは「ボリューム減衰距離」に設定します

Standard　Professional

「ボリューム」設定の「ボリュームレンダリング」はStandard版とProfessional版のみに搭載されている機能です

「サブサーフェススキャタリング」は、プラスチックや翡翠、人の肌など、光が透過する半透明な物体の質感を表現したい時に使える便利な機能です。「減衰距離」や「透明」などの設定で様々な効果を出すことができます。

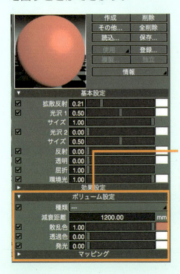

「種類」ポップアップメニューは「サブサーフェススキャタリング」、「減衰距離」は「1200」、「散乱色」は「1.00」、「透過色」は「0.00」、「発光」は「0.00」に設定します

Professional

「ボリューム」設定の「サブサーフェススキャタリング」はProfessional版のみに搭載されている機能です

Shade3D ver.16 Guidebook

Chapter 4

カメラアングルの設定

「カメラ」はオブジェクトをいろいろなアングルから眺めたり動かしたりすることができる機能です。カメラのアングルの設定は、最終的な構図を決める時以外にも、製作段階のモデリングに頻繁に使用します。CG作品はモデリングや質感設定がいくらよくても、構図がよくなければよい作品にはなりません。「カメラ」の機能の使い方もしっかりマスターして、よりよい作品作りに役立てましょう。───text by 富永守彦

4-1 カメラの基本操作

「カメラ」の機能を使うと、カメラをいろいろな角度に設定することが可能です。実際のカメラのように「見ている位置（視点）」と「見つめている位置（注視点）」が設定でき、望遠や広角などの設定を行うことが可能です。「カメラ」の設定は最終的な書き出しはもちろん、モデリングにも頻繁に使いますのでぜひマスターしましょう。

〉〉〉〉〉〉〉〉〉「カメラ」ウインドウを表示

STEP 1

カメラは、基本的に「カメラ」ウインドウから操作を行います。メインメニューの「表示」メニュー→「カメラ」を選択するか、「統合パレット」からカメラのアイコンをクリックします。

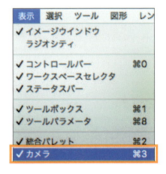

STEP 2

「カメラ」ウインドウを開きます。左の十字のような図形を「仮想ジョイステック」と呼びます。上下左右にドラッグ操作することで様々なカメラの構図を設定することができます。右のラジオボタンのチェックで「視点」「注視点」「視点＆注視点」「ズーム」「ウォーク」とカメラのモードを切り替えることができます。

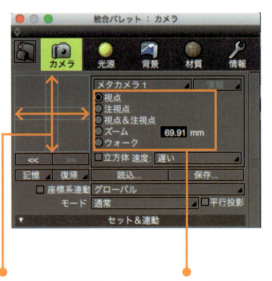

「仮想ジョイステック」を上下左右にドラッグ操作することで、様々なカメラの構図を決めることができます

ラジオボタンのチェックで「視点」、「注視点」、「視点＆注視点」、「ズーム」、「ウォーク」を切り替えることができます

》》》》》》》カメラの「視点」と「注視点」を理解する

Shadeの「カメラ」を設定する際にまずはじめにしなければならないことは、「見ている位置」と「見つめている位置」を決めることです。見ている位置は「視点」になり、見つめている位置は「注視点」になります。つまり、どこから何を見ているかを設定する必要があるのです。Shadeの「カメラ」ウインドウでこれらを自由に設定することが可能です。

視点

目やカメラのレンズがある位置です。どこから何を見ているかを決めることが、カメラの操作の基本になります

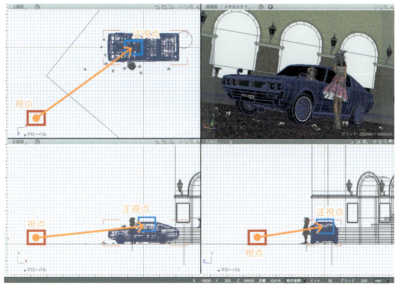

赤で囲ったところが視点で、青で囲ったところが注視点になります。視点と注視点をつないだ線が視線になります

》》》》》》》「視点」の操作方法

「視点」を選ぶと、「注視点」を固定させたまま見ている位置だけを動かすことができます。仮想ジョイスティックを中心から上下にドラッグすれば「視点」は上下に動き、左や右にドラッグすれば「視点」も左右に動かすことができます。

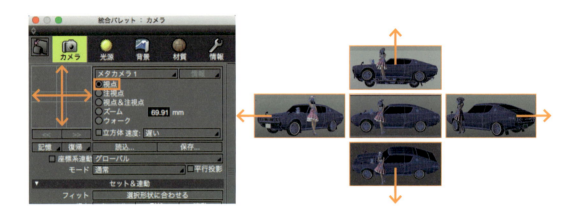

「視点」は、見つめている位置（注視点）を変えず、上下左右や斜め方向に回り込むように動かすことができます。

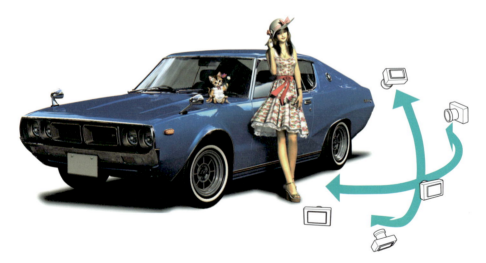

カメラマンが被写体の周りを回りながら構図を決めるイメージです

〉〉〉〉〉〉〉〉「注視点」の操作方法

「注視点」を選ぶと、「視点」を固定させたまま見つめている位置だけを動かすことができます。仮想ジョイスティックを中心から上下にドラッグすれば「注視点」は上下に動き、左や右にドラッグすれば「注視点」も左右に動かすことができます。

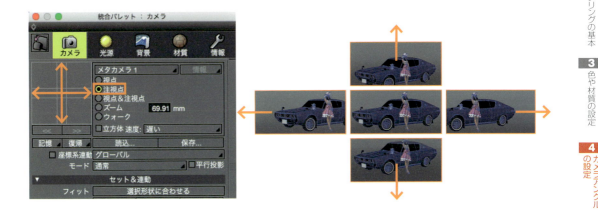

「注視点」は、「視点」の位置は変えずに見つめている位置だけを上下左右や斜め方向に動かすことができます。

カメラマンがカメラを三脚に固定し、角度だけを変えて構図を決めるイメージです

167

》》》》》》「視点&注視点」の操作方法

「視点&注視点」は、「視点」と「注視点」の距離の感覚や角度を保ったまま同時に動かすことができます。仮想ジョイスティックを中心から上下にドラッグすれば「視点」と「注視点」は同時に上下に動き、左や右にドラッグすれば「視点」と「注視点」は同時に左右に動かすことができます。

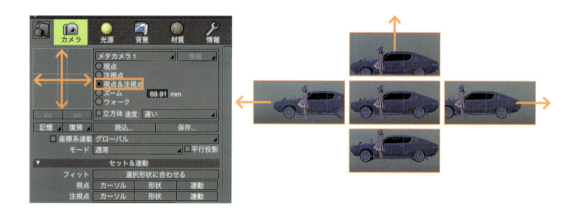

「視点&注視点」は、見つめている距離を保ったまま、アングルを変えられると考えれば理解しやすい機能です。

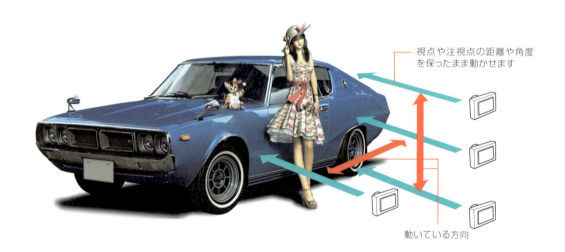

〉〉〉〉〉〉〉〉「ズーム」の操作方法

「ズーム」は、「視点」と「注視点」の距離を変えることで、対象物に接近したり遠ざかったりすることができます。

左に動かすと、広角レンズで見たようにパースが強くなります。右上方向に動かすことで、パースを強くしながら画角をアップさせることができます

右に動かすと、望遠レンズで見たようにパースを弱くすることができます。右下方向に動かすことで、パースを弱くしながら対象物から遠ざけることが可能です

仮想ジョイスティックの上下の操作で、被写体に近づいたり離れたアングルにできます。左右の操作で、画角を変えることができます。右に動かせば広角レンズのアングルになり、左に動かすと望遠レンズで見たアングルになります。

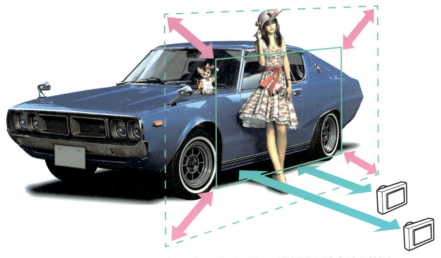

上下のドラッグでカメラマンが被写体に近づいたり離れたりして撮影するイメージです。左右のドラッグで、広角や望遠のレンズに交換して撮影しているイメージです

169

〉〉〉〉〉〉〉〉「ウォーク」の操作方法

Shade3D ver.16のカメラの機能に新たに「ウォーク」が追加されました。視点の高さを変えずに、シーンの中を歩くように移動することができます。

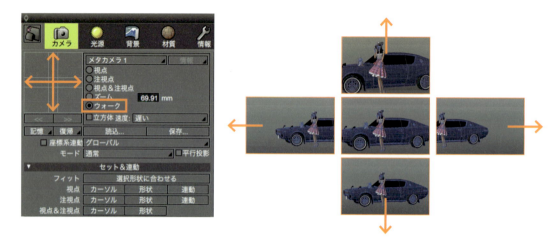

マウスの上下ドラッグで、カメラの前進や後退ができます。マウスの左右ドラッグで、カメラを右左に振ることができます。シーンの中を歩くような動画を作る時に便利な機能です。

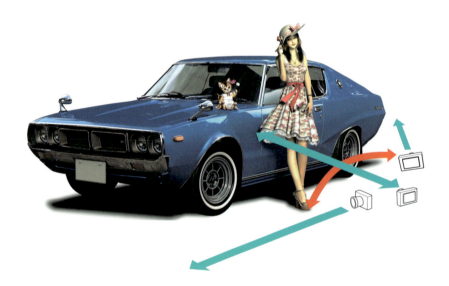

4-2 カメラの便利な機能

Shadeの「カメラ」には、いろいろな便利機能があります。それらの機能で操作性を高めたり、作業時間を短縮することができます。ここではカメラをより使いこなす機能を紹介します。

〉〉〉〉〉〉〉〉〉 視線の動きの速さを設定

カメラの仮想ジョイスティックを動かしていると、視線の動きが速すぎて行き過ぎてしまうことがあります。そんな時はカメラ操作の動く速度の調整が可能です。「速度」ポップアップメニューの「遅い」「速い」「最も速い」から選択することができます。アングルをおおまかに決める時は「速い」、微調整の時は「遅い」に設定するとよいでしょう。

〉〉〉〉〉〉〉〉〉 カメラアングルを戻したり進ませる

カメラのアングルの操作をしていて「前のアングルの方がよかったので戻りたい」と思うことがよくあります。そんな時は「＜＜」ボタンや「＞＞」ボタンで戻ったり進んだりできます。「＜＜」ボタンで1つ前のアングルになり、「＞＞」ボタンは戻ってまた前のアングルに進むことができます。「＜＜」ボタンで戻ることができるのは、新規のファイルか保存したところまでです。

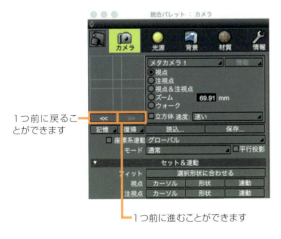

1つ前に戻ることができます

1つ前に進むことができます

1つ前に戻りました

このアングルから…

進みました

進みました

1つ前に戻りました

透視図上でカメラの操作を行う

「図形」ウインドウの透視図上でカメラの操作が行えます。選択されている「視点」「注視点」「視点&注視点」「ズーム」「ウォーク」のチェックボタンで選択したモードを、スペースキー＋ドラッグ（Win/Mac）で操作を行うことが可能です。

「カメラ」ウインドウで選択した「視点」「注視点」「視点&注視点」「ズーム」「ウォーク」の操作を直接透視図で操作できます

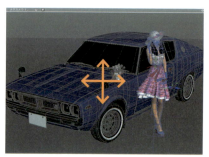

カメラアングルの記憶と読み込み

STEP 1

カメラで設定したアングルはいくつも保存しておくことが可能です。設定したアングルを再び使いたい時に便利な機能です。保存するには「カメラ」ウインドウの「記憶」ポップアップメニューをクリックし、「カメラ」を選択すると現在のアングルがカメラ形状として保存されます。「カメラ」をオブジェクトとして扱えるので、「図形」ウインドウ上でマニピュレーターを使って移動や回転などが行えます。形状としてではなくアングルだけを保存したい場合は「メタカメラ」を選びます。

カメラを形状として保存したい時は「カメラ」、アングルだけを保存したい場合は「メタカメラ」を選びます

STEP 2

「カメラ」で記憶したアングルを使用したい時は、「カメラ選択」のポップアップメニューから「カメラ」や「メタカメラ」を選びます。「記憶」ポップアップメニューで記憶すると、「カメラ選択」ポップアップメニューに「カメラ」という同じ名前が増えていくので、ブラウザで名前をダブルクリックしてわかりやすい名前を付けておきましょう。

記憶したアングルを読み込みます

ブラウザで名前をダブルクリックして、わかりやすい名前を付けておきましょう

》》》》》》》》 カメラアングルの保存と読み込み

カメラアングルは保存と読み込みが可能です。気に入ったアングルを保存して再度使いたい時や、別のファイルで使いたい時に、保存したアングルを使用することができます。

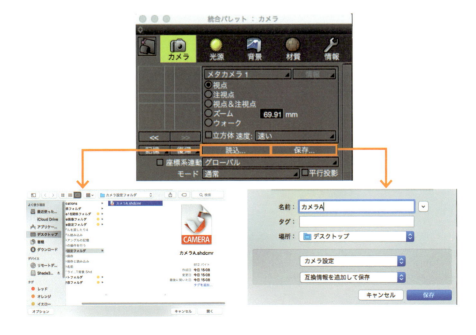

4-3 カメラ形状の設定

カメラオブジェクトは、カメラを形状として扱える機能です。「カメラ」ウインドウを使わずに、「図形」ウインドウからでもカメラを操作することが可能です。ツールボックスの「作成」ツールの「光源／カメラ」からカメラを選び、図形ウインドウをドラッグすることでカメラオブジェクトを作成することができます。通常のオブジェクトのようにカメラのコントロールポイントやマニピュレーターを使って回転や移動ができ、即透視図に反映されるので、狙ったアングルを簡単に探すことが可能です。

》》》》》》 ツールボックスでカメラの形状の作成と操作

STEP 1

ツールボックスの「作成」ツール→「光源/カメラ」グループ→「カメラ」を選びます。

STEP 2

「図形」ウインドウをドラッグして、カメラオブジェクトを作成します。「カメラ」ウインドウの「カメラ選択」ポップアップメニューから「カメラ」を選択し、「図形」ウインドウの透視図にカメラオブジェクトのアングルを表示してカメラの向きを調整します。

①「視点」に設定したいところをドラッグします

②ドラッグしたまま「注視点」に設定したいところでリリースします

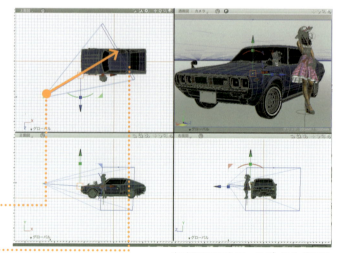

カメラのコントロールポイントやマニピュレータを使って、狙ったアングルを探すことが可能です

〉〉〉〉〉〉〉〉 コントロールポイントの表示

「カメラ」ウインドウを使用せずに、「図形」ウインドウ上で「視点」や「注視点」の操作ができます。カメラ形状を選択し、コントロールバーの「編集モード切り替え」ポップアップメニューから「形状編集」を選択するか、「図形」ウインドウ上でボックスを選択して「形状編集」モードに切り替えます。コントロールポイントが3つ表示されました。

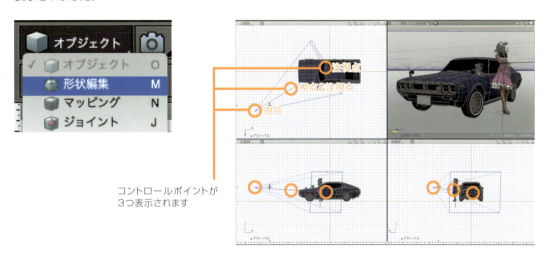

コントロールポイントが3つ表示されます

〉〉〉〉〉〉〉〉 「視点」の設定

四角錐のとがっている方が「視点」です。「視点」をドラッグすることで、移動が行えます。「視点」と「注視点」の間の距離を変えることでズームができます。Shiftキーを押しながら「視点」ポイントをドラッグすると、距離を変化させることができます。

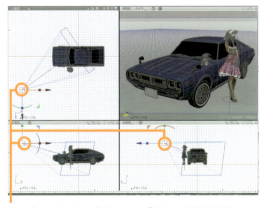

このポイントをドラッグすることで、「視点」の移動が行えます

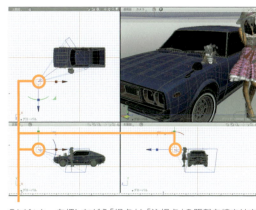

Shiftキーを押しながら「視点」と「注視点」の距離を縮ませることでズームの操作ができます

〉〉〉〉〉〉〉〉「注視点」の設定

四角錐の底面の中央の点が、「注視点」になります。「注視点」をドラッグして移動させることで、注視点の設定が行えます。「注視点」の長方形の枠が透視図の枠になります。

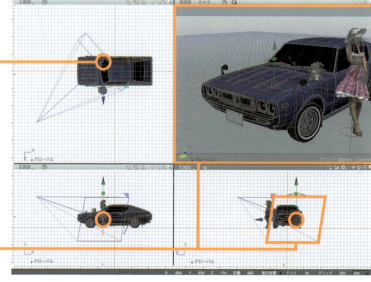

このポイントをドラッグすることで、「注視点」の設定が行えます

「注視点」の長方形の枠が透視図の枠になります

〉〉〉〉〉〉〉〉「視点」と「注視点」の同時移動

カメラオブジェクトにある中央のコントロールポイントを移動することで、「視点」と「注視点」を同時に動かすことができます。これは「カメラ」ウインドウの「視点&注視点」と同じ操作です。

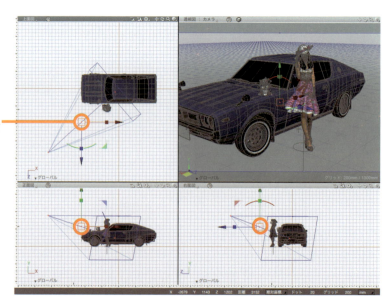

このポイントをドラッグすることで、「視点&注視点」の移動が行えます

4-4 オブジェクトとカメラを連動させる

カメラ形状を使うことで、カメラアングルを探すのは楽になりました。しかし、それでももっと「視点」や「注視点」を素早く設定したいと思うこともあります。そんな時は「セット&連動」の機能を使うと便利です。

〉〉〉〉〉〉〉〉 選択形状に「注視点」を設定

STEP

「セット&連動」には「視点」「注視点」「視点&注視点」「フィット」の4つがあります。「視点」や「注視点」は「カーソル」、「形状」、「連動」をセットすることができます。まずは、「注視点」の「形状」をクリックして、現在選択されている形状に「注視点」をセットしてみましょう。図の例では車の前にいる人物を選択状態にして、「注視点」の「形状」をクリックしました。

①現在の構図を変更します。人物を選択します

②「注視点」の「形状」を選択します

STEP

人物に「注視点」がセットされ、透視図の中央に人物を表示することができました。

選択されている人物の中央に「注視点」がセットされ、画面の中央に人物が表示されました

図はプレビューレンダリングで表示しています

〉〉〉〉〉〉〉 カーソル位置に視点を設定

STEP 1

今度は車の中に「視点」を移して車の中から人物を見ている構図に設定してみましょう。運転席のドライバーの視点の位置に3次元カーソルを移動し、クリックしてカーソルの位置を固定させます。次に「視点」の「カーソル」をクリックします。

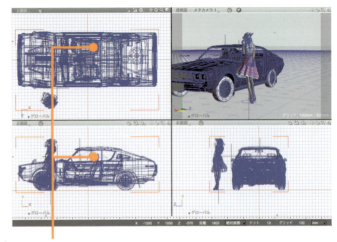

①運転席の視点の位置をクリックして、カーソル位置を決定します

②「視点」の「カーソル」をクリックします

STEP 2

カーソルを設定した場所が視点になり、車内から人物を見ている構図になりました。

車の中から人物を見ている構図に変更されました

》》》》》》》「注視点」と「視点」を「連動」させる

STEP 1

「連動」ボタンは、「視点」や「注視点」を形状の位置に連動させることができる機能です。たとえば車などの形状を「注視点」に連動させると、常にカメラの注視点が車になり、車をどこに動かしてもそれに合わせて注視点も移動するので車が透視図の画面から外れることはありません。

「注視点」の「連動」を選択して、ボタンの表示は「解除」になりました

STEP 2

「直線移動」のジョイントの中に車の形状を入れて、「注視点」の「連動」を設定します。透視図から車が外れることはありません。

「情報」ウインドウで「直線移動」のジョイントの「スライド」で車を動かしてみます。車自体が注視点なので、車の動きに合わせてアングルも追従します

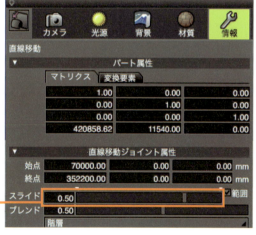

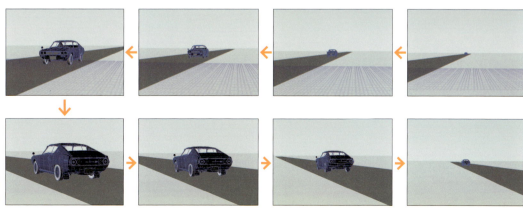

STEP 3

人物を選択してから「視点」の「連動」を設定します。どこに人物を動かしても、常に人物が「視点」で、車が「注視点」になります。

「視点」の「連動」を選択して、ボタンの表示は「解除」になりました

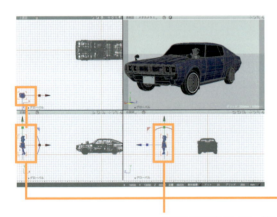

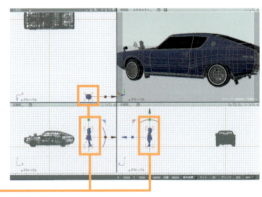

人物をどこに動かしても、常に人物の視点は車の方を向いています

STEP 4

「注視点」と「視点」の「連動」を実行している場合は、ボタンの表記が「解除」になっています。「解除」を選択することで、連動が解除されます。

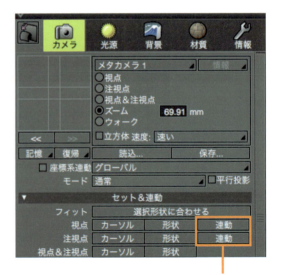

「解除」を選択すると、表示は「連動」になりました

4-5 カメラアングルを調整する

「カメラ」ウインドウは、「詳細設定」グループでカメラの描画をさらに細かく設定することができます。その中でも「あおり補正」「傾き」「焦点」はよく使う機能なので覚えておくとよいでしょう。

〉〉〉〉〉〉〉 あおりを補正する

建築パースなどを作成した場合、カメラを広角気味の設定にしてレンダリングしてみると、縦方向のパースが強くて不自然に見えることがあります。これは三点透視図のように縦方向にもパースがかかっているためです。「あおり補正」の設定は縦方向のパースを調整することで不自然さを解消させることができます。スライダで「あおり補正」を1.00に設定すると完全にあおりをなくして二点透視図のように設定することも可能です。

あおりを補正したい場合は「あおり補正」に数値を入力します

「あおり補正」に「0」に設定した状態。補正はなしの状態です。縦方向に強くパースがかかっています

「あおり補正」を「1」に設定した状態。補正はありの状態なので縦方向にはパースはついていません

縦方向にパースがついています

〉〉〉〉〉〉〉〉 アイソメ図のように設定

「ズーム」の設定で、「焦点距離」の数値を限りなく大きくするとほとんどパースのかからないように設定できますが、「平行投影」にチェックを入れることで消失点の存在しない等角投影図のようにすることが可能です。

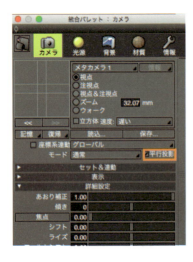

消失点の存在しない当角投影図のようにすることもできます

〉〉〉〉〉〉〉〉 傾きを調節する

視野を回転させて画面を傾かせます。スライダを負の値にすると左に傾き、正の値にすると右に傾きます。斜めの構図を作る時などによく使います。

「傾き」を負の値に設定して、カメラアングルを左下がりに設定しました

「傾き」を正の値に設定して、カメラアングルを右下がりに設定しました

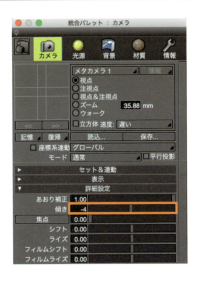

最終的には「傾き」に「-4」を設定してレンダリングしてみました

〉〉〉〉〉〉〉〉 薄い被写界深度を設定

STEP

「焦点」を設定することで、被写界深度を設定したような効果をだすことができます。被写界深度とはピントの合う範囲のことで、ピントの合っていないところはぼかしがかかり、遠近感を表現することができます。最初にピントを合わせたいところをクリックしてカーソルを設定します。

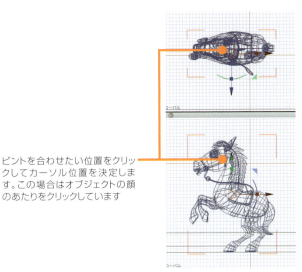
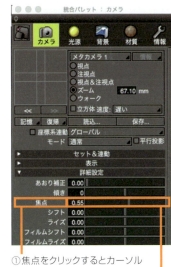

ピントを合わせたい位置をクリックしてカーソル位置を決定します。この場合はオブジェクトの顔のあたりをクリックしています

①焦点をクリックするとカーソルの位置にピントが合います

②スライダをドラッグすることで被写界深度のボケを設定することができます

183

STEP

「焦点」をクリックして、カーソル位置にピントを設定します。「焦点」スライダの数値が大きいほど被写界深度は浅くなり、ボケ具合は大きくなります。「焦点」で設定した被写界深度は、パストレーシングのレンダリングのみで有効になります。

被写界深度を使った作品の例

Shade3D ver.16 Guidebook

Chapter 5

ライティングの設定

ライティングとは、作成したオブジェクトやシーンに光を当てていく作業のことです。どんなに優れたモデリングや質感を施したオブジェクトであっても、ライティングをおろそかにしてはよい作品を作ることはできません。どこからどんな状態の光を当てるかで、絵の雰囲気も全然違ったものになります。Shadeにはいろいろなタイプのライトが用意されています。絵の雰囲気にあったライティングを選ぶことは完成度の高い作品を作ることにも結びつきますのでライティングもしっかりマスターしていきましょう。——text by 富永守彦

5-1 ライティングの種類

「ライティング」とは、シーンに光を設定してオブジェクトを照らしていく作業です。「ライティング」と一口に言ってもShadeにはいろいろな種類のライトが用意されています。シーンや情景に合ったライトを選ぶことが大切です。それでは、ここでShadeに搭載されているライトの種類から説明していきましょう。

〉〉〉〉〉〉〉〉 太陽光をシミュレートした「無限遠光源」

「無限遠光源」は、太陽光をシミュレートした基本的な光源です。太陽光と同じようにはるか彼方に光源があるため、影も平行になり遠くも近くも同じ明るさになります。新規ファイルを開くと、標準でこの光源が1つ設定されています。Shadeでは現実の太陽光とは違い、「無限遠光源」をいくつも設定することができます。

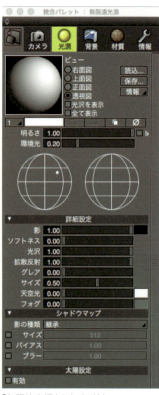

「無限遠光源」のウインドウ

「無限遠光源」は、建築パースや車のCGなど屋外の絵には必ずと言っていいほど使用します

〉〉〉〉〉〉〉〉 一点から放射状に照らす「点光源」

「点光源」は、一点から放射状に全方向を照らす光源です。電球の中に仕込んで使用したり、オブジェクトの光量の足らないところに配置してレフ板として使う場合もあります。その場合は、影や光沢は無し（0.0）に設定するか少なめに設定するといいでしょう。

「点光源」や「スポットライト」は、光量の足らないところに配置してレフ板として使う場合もあります

〉〉〉〉〉〉〉〉 照らす角度を限定する「スポットライト」

「スポットライト」は、「点光源」とほとんど同じ光源です。「点光源」と違うのは、照らす角度を設定できるところです。ダウンライトや車のライトに仕込んで使うとよいでしょう。

自動車のリフレクターにスポットライトを仕込んで発光させています。この場合、ライトのレンズには「バックライト」の設定をしないと、発光したようにレンダリングされません

〉〉〉〉〉〉〉〉「閉じた線形状」を光源として扱う「面光源」

「面光源」は、「閉じた線形状」などで作成した長方形に光源属性で明るさを設定し、光源として使用できます。「面光源」を使うことで、影のソフトネスを使わなくても影の輪郭をぼかすことができます。照明として使う他に、窓の明かりやオブジェクトのライティングだけに使うこともあります。

「面光源」は、天井から輝く柔らかい光を再現できます

〉〉〉〉〉〉〉〉「線形状」を光源として扱う「線光源」

「線光源」とは「線形状」を光源にすることができる光源です。ネオン管などに仕込んで使うことで、ネオンのような効果を出すことができます。「開いた線形状」でも「閉じた線形状」でもどちらでも使うことができ、レンダリング手法の「レイトーシング」にも対応しています。

線形状に色を設定することで、色のついた状態で発光させることが可能です

⟩⟩⟩⟩⟩⟩⟩ その他のライティング

● まっすぐに照らすことができる「平行光源」

「平行光源」は、光をまっすぐに照らすことができるライトです。一点から照らしても「スポットライト」のように光や影が放射状に広がることがありません。設定次第で「スポットライト」のような明かりを作ることも可能です。

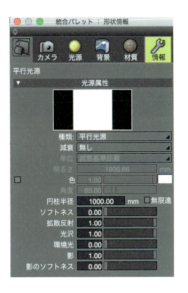

● 均等の明るさで照らす「環境光」

「環境光」は、「無限遠光源」の「環境光」と似た光源で、全体を均一に照らします。オブジェクトとして扱えるので、移動なども可能です。ただし、どこに置いても明るさなどを変えることはできません。

5-2 「無限遠光源」の設定

「無限遠光源」は、新規シーンファイルを開いた時最初から1つ用意されている基本的な光源です。太陽光のようなもので、光源の位置は限りなく遠くにあり、光が真っすぐ進むために影は全て平行になります。

》》》》》》》》 「無限遠光源」のパネルを表示する

STEP 1

「無限遠光源」ウインドウは、「統合パレット」の「光源」タブをクリックするかメインメニューの「表示」メニュー→「無限遠光源」を選ぶことで、表示させることができます。

メインメニューの「表示」メニュー→「無限遠光源」を選択します

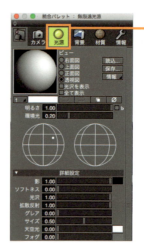

「統合パレット」→「光源」を選択します

STEP 2

新規シーンファイルには、デフォルトであらかじめ1つの「無限遠光源」が設定されています。現実世界では太陽をたくさん作るようなことはできないのですが、Shadeでは「無限遠光源」をいくつも増やしていくことができます。

「新規作成」を選択して、太陽光をいくつも設定できます

》》》》》》》「無限遠光源」の色や明るさの設定

「無限遠光源」は、色や明るさを設定することができます。「明るさ」はスライダで設定できるほかに、「テキストボックス」にキーボードから直接数値入力でも設定することができます。色はカラーボックスをクリックして選択することができます。「環境光」は全体のシーンを均一に照らします。この環境光は疑似的なもので、数値を上げすぎるとメリハリのない画像になります。背景を光源にして「パストレーシング」などでレンダリングする場合は、「環境光」を「0」にします。

①「明るさ」はこのスライダで設定できます

②クリックすることで「カラー」が表示され、色を設定できるようになります

》》》》》》》「無限遠光源」のビューの設定

「無限遠光源」の位置は、左右にあるワイヤフレームの「光源方向設定半球」で光源の位置や明るさを設定します。「光源方向設定半球」はシーン全体を包み込む球に見立てられていて、白い点が太陽の位置になります。半球上をクリックすることで、光源の位置を変えることができます。「ビュー」は「右面図」「上面図」「正面図」などから選択できます。標準では「透視図」にチェックが入っていて、右斜め上に光源が設定されています。

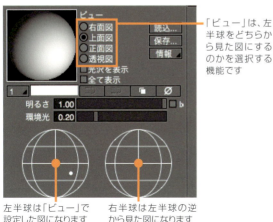

「ビュー」は、左半球をどちらから見た図にするのかを選択する機能です

左半球は「ビュー」で設定した図になります

右半球は左半球の逆から見た図になります

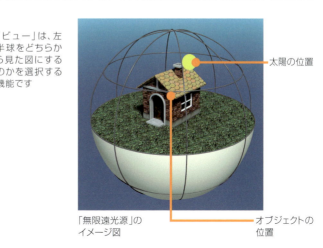

太陽の位置

オブジェクトの位置

「無限遠光源」のイメージ図

● 「上面図」を選択する

「無限遠光源」の「ビュー」の「上面図」を選択します。左の半球の右下をクリックして、右上に太陽を設定します。右上から下に照らされていることになります。

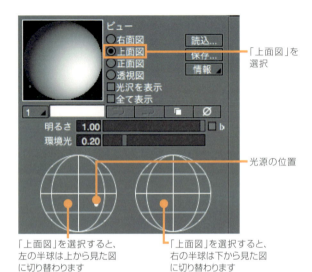

「上面図」を選択

光源の位置

「上面図」を選択すると、左の半球は上から見た図に切り替わります

「上面図」を選択すると、右の半球は下から見た図に切り替わります

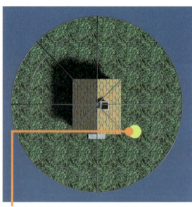

太陽の位置は真上から見た図に切り替わります

● 「正面図」を選択する

「ビュー」の「正面図」を選択します。左の半球は前から見た場合の表示に切り替わり、右の半球は後ろから見た図になります。

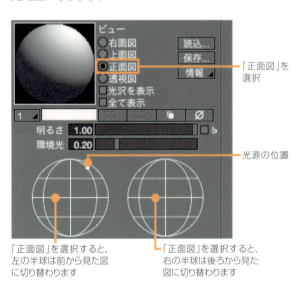

「正面図」を選択

光源の位置

「正面図」を選択すると、左の半球は前から見た図に切り替わります

「正面図」を選択すると、右の半球は後ろから見た図に切り替わります

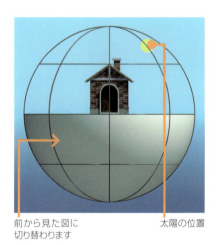

前から見た図に切り替わります

太陽の位置

● 右面図を選択する

「ビュー」の「右面図」を選択します。左の半球は右横から見た場合の表示に切り替わり、右の半球は左横から見た図になります。

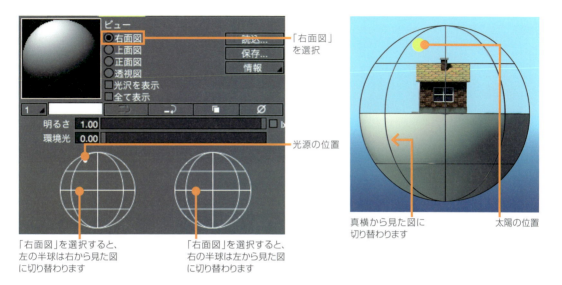

●「透視図」を選択する

「ビュー」の「透視図」を選択します。「透視図」から見た場合の表示に切り替わり、左の半球は視点から見た図で、右の半球は視点の反対方向から見た図になります。

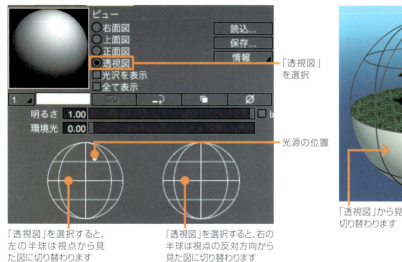

〉〉〉〉〉〉〉〉「無限遠光源」の影やノイズを設定

◉「無限遠光源」の影の設定

「無限遠光源」は、影の色の設定や強さの調整、影の輪郭をぼかすなどの設定ができます。影の色の設定はカラーボックスで設定することができます。より明るくしたい場合は、数値入力でスライダの上限以上に明るさを設定することができます。

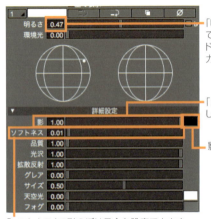

「明るさ」は通常、スライダで設定しますが、キーボードから直接高い数値を入力することも可能です

「影」は影の強さを設定します

影の色を設定します

「カラー」を選択し、ドラッグ&ドロップで色を設定することができます

「ソフトネス」で影のぼけ具合を設定できます

◉「無限遠光源」の影をレイトレーシングでレンダリング

「無限遠光源」は、複数の光源や影を設定することができます。Professional版のみレイトレーシングで「ソフトネス」に対応しています。他のグレードではパストレーシングを利用してください。

「無限遠光源」を設定すると影が描画されます。Basic版やStandard版での「ソフトネス」の対応はパストレースのみになります

●「ブラー」の設定で影をぼかす

STEP 1

影をぼかしたい場合は、「イメージウインドウ」のレンダリングの「手法」から「パストレーシング」を選択します。BasicやStandard版で影をぼかしたい場合は、「イメージウインドウ」のレンダリングオプションの「基本設定」タブから「影の種類」を「シャドウマップ」に変更し、「ブラー」を設定することで可能です。

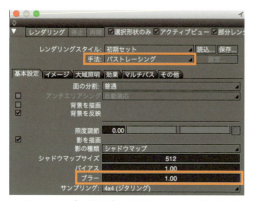

レイトレーシングで影をぼかす場合は、イメージウインドウの「基本設定」タブ→「ブラー」を設定します

パストレーシングで影をぼかすことができました

STEP 2

大域照明などを使用してレンダリングしてみると影のノイズが目立つことがあります。そんな時はイメージウインドウの「その他」タブ→「レイトレーシングの画質」を上げることでノイズを抑えることができます。「200」くらいにするとほとんどノイズが目立たなくなりますが、レンダリング時間がその分長くなります。

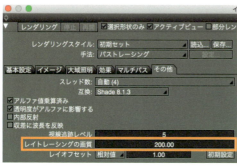

「レイトレーシングの画質」が低いと、影にノイズが入ります

195

〉〉〉〉〉〉〉〉「無限遠光源」の品質設定

● 光源ごとに影のソフトネスの品質設定

Professional版のみの機能ですが、「無限遠光源」、「スポットライト」、「点光源」、「面光源」、「線光源」などの各光源ごとに「品質」スライダが設置されています。これにより、光源ごとに品質の設定が可能になり、レンダリング時間が短縮できます。

> **Professional**
> 「品質」はProfessional版のみに搭載されている機能です

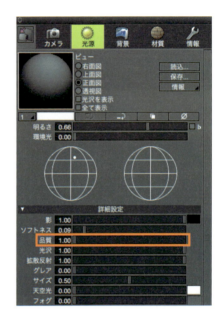

「無限遠光源」の「品質」を「1.00」、「レイトレーシングの画質」を「50」に設定してレンダリングしました。影のノイズが目立ちます

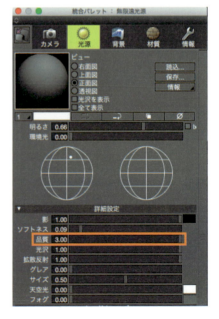

「レイトレーシングの画質」の設定はそのままで、「無限遠光源」の「品質」を上げました。影のノイズがかなり少なくなっていることがわかります

5-3 「点光源」と「スポットライト」の設定

「点光源」と「スポットライト」は照射角度が違うだけで、ほとんど同じ光源です。「点光源」は360度、「スポットライト」は180度までです。それ以上に設定すると「点光源」と同じになります。両光源とも使い方はほぼ同じですが、光量が足らないところに配置して、レフ板のようにして使う場合もあります。

》》》》》》》「点光源」と「スポットライト」の設定

「点光源」と「スポットライト」は、ツールボックスの「作成」ツール→「光源/カメラ」グループ→「点光源」または「スポットライト」を選択して「図形」ウインドウ上をドラッグすると配置されます。

ツールボックスの「作成」ツール→「光源/カメラ」グループ→「点光源」または「スポットライト」を選択して「図形ウインドウ」をドラッグすると配置されます

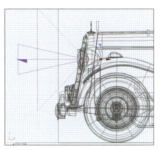

自動車のライトの中に「スポットライト」を仕込みました。線の長い方が、光源の向きです

外灯の中に「点光源」を仕込みました。「点光源」は360度照らすことができます

》》》》》》》「図形」ウインドウ上で移動や角度、明るさの設定

光源の形状や移動や回転などを、「図形」ウインドウ上で設定することができます。光源の形状のコントロールポイントを設定して、明るさや角度を調節できます。

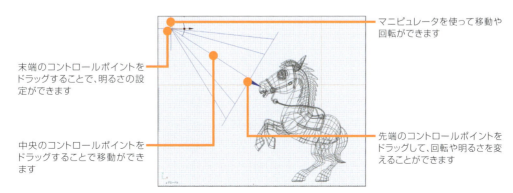

マニピュレータを使って移動や回転ができます

末端のコントロールポイントをドラッグすることで、明るさの設定ができます

中央のコントロールポイントをドラッグすることで移動ができます

先端のコントロールポイントをドラッグして、回転や明るさを変えることができます

197

》》》》》》》「点光源」と「スポットライト」の詳細設定

STEP 1

「点光源」と「スポットライト」の詳細設定は「形状情報」ウインドウで行います。「種類」ポップアップメニューを選択して、光源の変更などを行えます。

設定した光源は後から「種類」ポップアップメニューで変更が可能です

STEP 2

「点光源」と「スポットライト」の「明るさ」や「色」、「角度」が自由に設定できます。「点光源」の場合は常に360度、「スポットライト」の「角度」は180度までです。「スポットライト」をそれ以上にすると、「点光源」と同じ角度になります。

②「色」のカラーボックスにオレンジを設定しました

①カラーボックスに設定する色を選択します

③光源の色がオレンジになりました

》》》》》》「スポットライト」の輪郭と影をぼかす

STEP 1

「ソフトネス」は、「スポットライト」の影の輪郭を柔らかくぼかすことができる機能です。この設定は光源のアウトラインをぼかすことであって、影をぼかすことではありません。

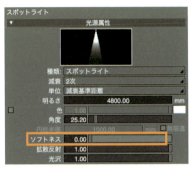

「ソフトネス」で光の照射を調整します

「ソフトネス」が「0」の状態です。光源のアウトラインがぼけていない状態です

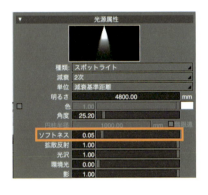

「ソフトネス」が「0.05」の状態です。光源のアウトラインがぼけました

STEP 2

被写体の影は「影のソフトネス」でぼかすことができます。

「影のソフトネス」で影の輪郭を調整します

「影のソフトネス」で影をぼかした状態です

199

5-4 「面光源」と「線光源」の設定

「面光源」は「閉じた線形状」自体を光源に設定することができる機能です。「面光源」はレイトレーシングでも柔らかい影を表現することができます。部屋の照明や窓の明かりとして使うこともできます。

》》》》》》》》 「面光源」の設定

STEP 1

ツールボックスの「作成」ツール→「光源/カメラ」グループ→「面光源」を選択します。「図形」ウインドウをドラッグすることで、作成できます。

「面光源」を選択します

STEP 2

「形状情報」ウインドウで、「明るさ」や光源の色を設定します。

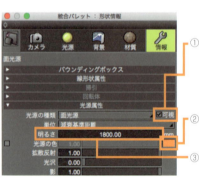

①「可視」にチェックを入れると、面光源自体を可視化してレンダリングできます

②面光源の色をカラーボックスで設定します

③「明るさ」をテキストボックスで設定します

④ライトを可視化して、設定した色の状態をレンダリングで確認しました

STEP 3

「面光源」には、表と裏があり、矢印が長い方が表です。反対を向いている時は、「ブラウザ」にある「面を反転」機能で反転させましょう。面光源は上面図でドラッグすると必ず反対を向いてしまうので、注意が必要です。

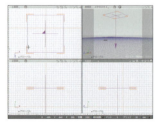

面光源は矢印の長い方が表です。反対を向いていると光を当てることができません

反対を向いた時は「ブラウザ」の「面を反転」機能で反転させましょう

〉〉〉〉〉〉〉 線光源の設定

「線光源」は、「閉じた線形状」や「開いた線形状」を光源にすることで線自体が発光しているような効果を出すことができる機能です。ネオン管や蛍光灯などに仕込んで使うと効果的です。「線光源」は、2つの作成方法があります。1つはツールボックスの「作成」ツール→「光源/カメラ」グループ→「線光源」を選択し、「図形」ウインドウ上で作成します。この場合は、「光源の種類」や「明るさ」は設定済みです。

蛍光灯内部に線光源を入れて発光させています

もう1つは、「閉じた線形状」や「開いた線形状」を選択し、「形状情報」ウインドウの「光源の種類」を「線光源」にして「明るさ」を設定する方法です。「線光源」を使う時に注意することは、レンダリング手法を「レイトレーシング」以上でレンダリングする必要があることです。レンダリング手法の「レイトレーシング（ドラフト）」では正しくレンダリングされません。

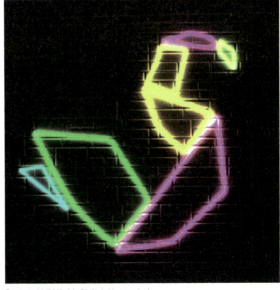

「閉じた線形状」を発光させています

201

5-5 その他の光源の設定

これまで紹介してきた他にも、Shadeには多数の光源を搭載しています。ここでは残りの光源の設定方法も紹介します。

〉〉〉〉〉〉〉 平行光源の設定

「平行光源」は、光がまっすぐに進む光源です。ツールボックスの「作成」ツール→「光源/カメラ」グループ→「平行光源」を選択することで作成できます。スポットライトのように光も影も放射状に広がらないライトで、スポットライトで照らしたような円柱状の光源の輪郭を作ることができます。レーザ光の表現などに使ったり、太陽光をオブジェクトとしてシーンに配置したい時に使うとよいでしょう。円柱の半径やソフトネスも設定することができて、いろいろな効果を出すことができます。

〉〉〉〉〉〉〉 環境光の設定

「環境光」は、無限遠光源の環境光と同じような光源で、全体を均一に明るくすることができます。ツールボックスの「作成」ツール→「光源/カメラ」グループ→「環境光」を選択し「図形」ウインドウをドラッグして作成します。「減衰」を設定することで、点光源のような光を再現できます。この光源は照らしても影ができないので、画面の暗い部分に配置してレフ板のようにして使うとよいかもしれません。

「減衰」を「線形」と「2次」から選択して設定できます

5-6 日照をシミュレーションできる「フィジカルスカイ」

無限遠光源に搭載されている「フィジカルスカイ」は、日付けや時刻を入力するだけで太陽の方向や空の色を自動的に設定して、背景の光源を簡単にシミュレーションできる便利な機能です。

「フィジカルスカイ」はStandard版とProfessional版のみに搭載されている機能です

〉〉〉〉〉〉〉〉「フィジカルスカイ」のインターフェイス

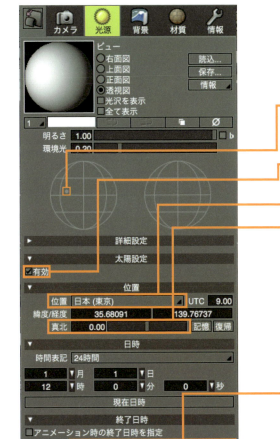

「フィジカルスカイ」の機能は、「光源」ウインドウの中に搭載されています。

「日時」で月日や時刻を入力すると、太陽の位置や空の色が自動的に設定されます。「光源方向設定半球」の光源の位置も自動的に移動します

「太陽設定」グループの「有効」にチェックを入れると、「位置」を設定できます

国内の代表的な都市がプリセットとして登録されています

東西南北の向きを360度回転させて設定できます。「0.00」で「上面図」で表示した場合に上が北になります。「図形」ウインドウで確認することが可能です

「真北」を設定すると、上面図上に方角が表示されます

「時間表記」を「24時間」と「12時間（AM）」、「12時間（PM）」から選択することが可能です。環境設定のビュータブの「シーン初期設定」の「24時間表記」をオフにすると、Shade起動時の太陽設定での「時間表記」の初期値が「12時間（AM）」になります。12時間表記のみで扱いたい場合は、環境設定での「24時間表記の設定の設定」指定を変更するようにしましょう

チェックを入れると、統合パレット「背景」のプレビューに「フィジカルスカイ」で設定した背景をプレビュー表示させることができます

チェックを入れると無限遠光源の色を、光源の向きから自動計算して当てはめます

背景と光源色のガンマ補正値を指定できます

〉〉〉〉〉〉〉〉「フィジカルスカイ」の設定例

「無限遠光源」ウインドウの「フィジカルスカイ」の「有効(背景に描画)」にチェックを入れると、「背景」ウインドウのプレビューに「フィジカルスカイ」で設定した背景が表示されます。

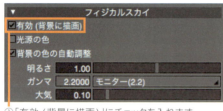

①「有効(背景に描画)」にチェックを入れます

②「背景」ウインドウを確認します。「フィジカルスカイ」で設定した背景が反映されます

「フィジカルスカイ」の設定を有効にし、「太陽設定」を無効にした場合は、無限遠光源の1つめのレイヤーの光源位置を変更すると、自動的に背景と光源色を計算することが可能です。もし、日時や場所を指定せずに任意の太陽の向きで空模様を変化させたい場合は、それらしい空模様を表現してくれるので便利です。

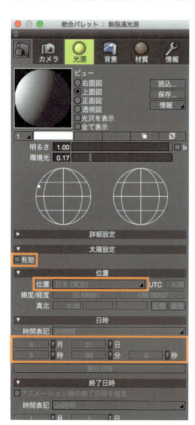

レンダリングの例

204

「フィジカルスカイ」の「位置属性」グループ→「位置」を「日本（東京）」、「日時属性」を「6月21日5時55分」に設定してレンダリングしてみました。

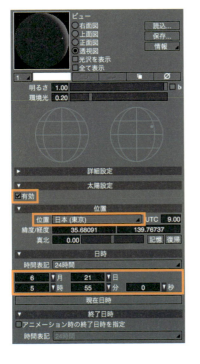

レンダリングの例

「背景」の「雲」や「波」といったパターンと組み合わせることもできます。太陽の位置を注視点側に配置して夕方の時間帯を入力すれば、夕焼け空のような背景を作成することが可能です。

「背景」のパターンと「フィジカルスカイ」で作成した背景

オブジェクトに作成した景観を映し込んでレンダリングをしてみました

205

Shade3D ver.16 Guidebook

Chapter 6

背景の設定

「背景」ウインドウでの設定は、シーンの背景に画像を設定する他に、背景の画像をライティングとして使ったりメタリックなどの反射率が高いオブジェクトへの映り込みとして使ったりと、とても重要な要素です。この章では背景に景観を設定するというだけでなく、画像を使ってオブジェクトをよりよく見せる方法なども紹介していきます。

――― text by 富永守彦

6-1 パターンを使った背景の設定

Shadeの「背景」ウインドウには、「雲」「海」「大理石」「スポット」「チェック」「霧」などのパターンがあらかじめ用意されています。これらのパターンを組み合わせて、背景を設定することができます。最初はこのパターンの組み合わせを使って背景を作成する方法を学んでいきましょう。

》》》》》》》 背景を設定しよう

Shadeには、背景を作成する「背景」ウインドウが搭載されています。「背景」ウインドウで作成できるのは、モデリングしたオブジェクトの後ろに配置するイメージです。ここの章では、この背景の作成方法を紹介します。

シーンの手前に配置したオブジェクト

シーンの背景。この章ではこの背景の作成方法を紹介します

オブジェクトと背景を合成した完成イメージ

Shadeには「背景」を設定するための機能が大きく分けて2つ用意されています。1つめは、あらかじめ「雲」「海」「大理石」「スポット」「チェック」「霧」などのパターンのみで背景を設定する方法で、もう1つは実際に撮影されたパノラマ写真などを読み込んで背景に設定する方法です。

Shadeにあらかじめ用意されたパターンを使って作成した背景

HDRIなどの実際に撮影した写真を読み込み作成した背景

〉〉〉〉〉〉〉〉 パターンで「雲」を設定

STEP 1

「背景」のウインドウを表示します。統合パレットの「背景」のウインドウを選択するか、メインメニューの「表示」メニュー→「背景」を選択します。「背景」ウインドウの「パターン」ポップアップメニューから「雲」を選択します。「背景」ウインドウのプレビューに灰色の雲が追加されました。

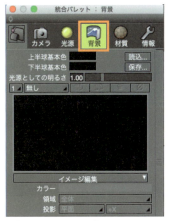
①「統合パレット」から「背景」をクリックし、「背景」ウインドウを表示させます

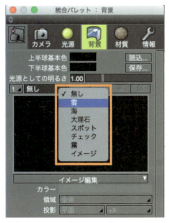
②「パターン」ポップアップメニューから「雲」を選択します

③「背景」ウインドウのプレビューに灰色の「雲」が追加されました

STEP 2

レンダリングをして確認をする前に、カメラアングルを設定します。「図形」ウインドウの透視図で、「図面切り替え」ポップアップメニューから「メタカメラ」を選択します。「図形」ウインドウの「透視図」の「回転」をドラッグして、地平線が中央にくるようにアングルを設定します。

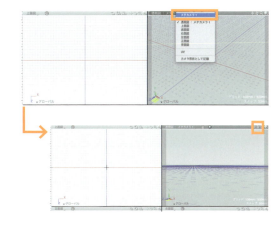

STEP 3

「全ての形状をレンダリング」を選択して、レンダリングしてみると、色が設定されていない、グレーの雲がレンダリングされました。ここからこの雲に形や色を付けていきます。

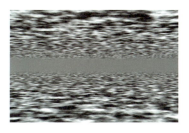

TIPS

「パターン」に搭載されている6種類の模様

「背景」ウインドウには「雲」、「海」、「大理石」、「チェック」、「霧」など様々なパターンが用意されています。これらを使うことで、いろいろな背景を設定することが可能です。レイヤーを複数設定して多重マッピングも行えるので、より複雑な背景を作ることができます。

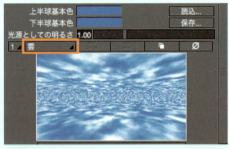

雲の模様を生成するパターンです。「上半球」に設定することで、空に浮かぶ雲などの背景を作れます。色や大きさ、濃淡なども自由に設定することができます

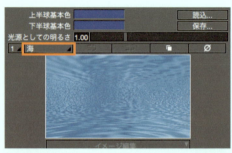

海の波のような模様を生成するパターンです。「下半球」に設定することで海のような背景を作れます。色や大きさ濃淡なども自由に設定することができます

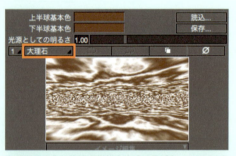

大理石のような濃淡の模様を生成するパターンです。色や大きさ濃淡なども自由に設定することができます

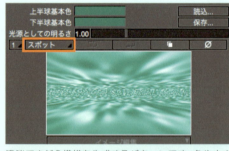

濃淡でまだら模様を生成するパターンです。色や大きさ、濃淡なども自由に設定することができます

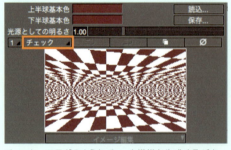

チェッカーフラグのようなチェック模様を生成するパターンです。色や大きさ、濃淡なども自由に設定することができます

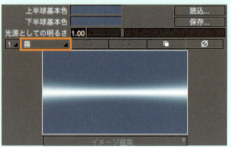

霧のような効果を生成するパターンです。空や地面にグラデーションを設定して、遠近感を表現できます

上半分に雲、下半分に海を設定

STEP 1

「領域」ポップアップメニューは、「全体」「上半球」「下半球」から選択することができます。ここでは「領域」の「上半球」を選択して、「雲」のパターンを「上半球」のみに適用します。

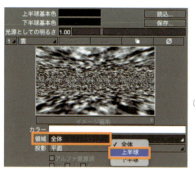

①「領域」ポップアップメニューをクリックして、「上半球」を選択します

②「雲」が「上半球」のみに適用され、「下半球」が黒になりました

STEP 2

空の色を設定します。「上半球基本色」のカラーボックスをクリックして、水色を設定します。「上半球基本色」のカラーボックスに色が設定され、空が水色になりました。

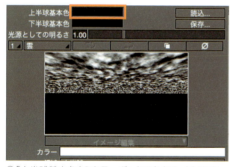

①「上半球基本色」のカラーボックスをクリックします

②水色を設定します
③「閉じる」ボタンをクリックします

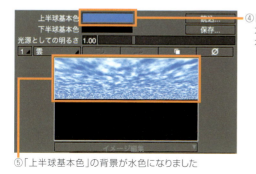

④「上半球基本色」のカラーボックスが水色になりました
⑤「上半球基本色」の背景が水色になりました

STEP 3

海の色を設定します。「下半球基本色」のカラーボックスをクリックして、濃い水色に設定します。「下半球基本色」のカラーボックスに色が設定され、海が濃い水色になりました。

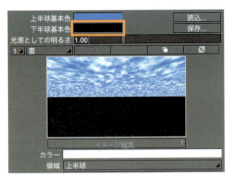

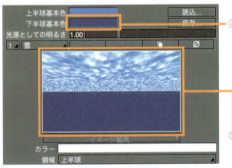

①「下半球基本色」のカラーボックスをクリックします

②濃い水色を設定します

③「閉じる」ボタンをクリックします

④「下半球基本色」のカラーボックスが濃い水色になりました

⑤「下半球基本色」の背景が濃い水色になりました

STEP 4

「全ての形状をレンダリング」を選択して、レンダリングします。雲と海面を描いた簡単な背景がレンダリングされました。

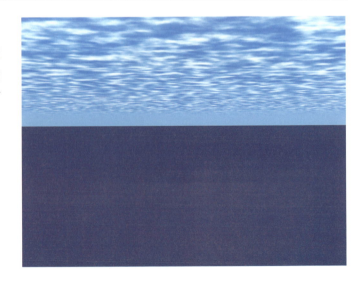

》》》》》》》 雲に色を設定

STEP 1

パターンに色を設定することができます。「背景」ウインドウの「カラー」をクリックします。

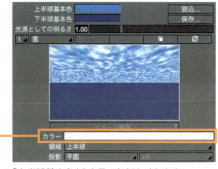

「上半球基本色」のカラーをクリックします

STEP 2

「カラー」で雲の色を設定します。または、メインメニューの「表示」→「カラー」からドラッグ&ドロップで色を設定します。

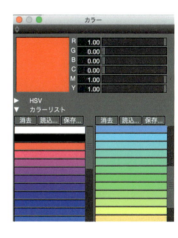

STEP 3

雲の色が設定されました。

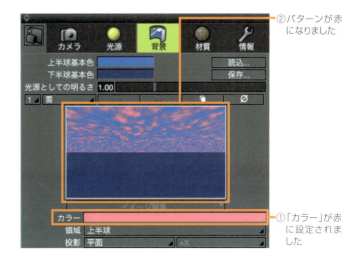

② パターンが赤になりました

① 「カラー」が赤に設定されました

213

TIPS

パターンをカスタマイズする

「背景」ウインドウで設定されたパターンやイメージは、マッピングの大きさや密度を変えることができます。これらの設定で様々な背景を作成することが可能です。

「マッピングスライダ」の設定

背景パターンのテクスチャ(マッピング)の濃度を調整します。数値を下げることでパターンが薄くなり、数値を上げることでパターンが濃くなります。直接キーボードからテキストボックスに数値を入力することもできます。

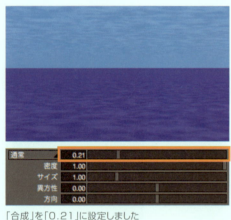
「合成」を「0.21」に設定しました

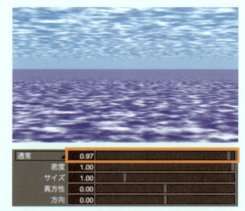
「合成」を「0.97」に設定しました

「密度」スライダの設定

「密度」を設定します。パターンポップアップメニューの「雲」の設定のみに有効になります。数値を下げることで雲が少なくなり、数値を上げることで雲が多くなります。スライダをドラッグするかテキストボックスに数値を入力することで、設定できます。

「密度」を「0.12」に設定しました

「密度」を「0.89」に設定しました

「サイズ」スライダの設定

パターンの大きさを変えることができます。数値を下げることでパターンが小さくなり、数値を上げることでパターンが大きくなります。スライダをドラッグするか、テキストボックスに数値を入力することで設定できます。

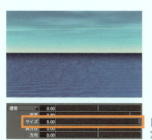
「サイズ」を「5」に設定しました

「サイズ」を「0.56」に設定しました

「異方性」スライダの設定

パターンの方向を変えることができます。スライダをドラッグするか、テキストボックスに数値を入力することで設定できます。

「異方性」を「0.72」に設定しました

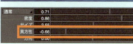
「異方性」を「-0.66」に設定しました

「方向」スライダの設定

パターンやイメージを水平方向に360度回転させることができます。「反射」を高く設定したオブジェクトは、背景のイメージの設定次第で見え方が大きく変わってきますので、「方向」でパターンやイメージの位置を調節するようにしましょう。

「方向」を「55」に設定しました

「方向」を「-50.40」に設定しました

215

》》》》》》》 レイヤーを追加して、海面のパターンを追加

STEP 1

レイヤーを追加して、別のパターンと組み合わせることでさらに凝った背景を作成できます。「レイヤー」ポップアップメニューの新規作成を選択して、パターンから「海」を選択します。

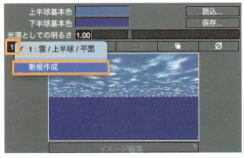
①「レイヤー」をクリックして、「新規作成」を選択します

②パターンから「海」を選択します

③画面全体に「海」のパターンが追加されました

STEP 2

レイヤー2の「領域」を「下半球」に設定します。「下半球」のみに海が設定されました。

①「領域」ポップアップメニューをクリックして、「下半球」を選択します

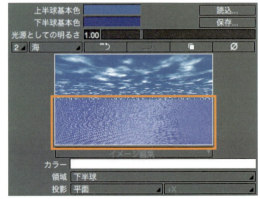
②「下半球基本色」のみに海のパターンが適用されました

STEP 3

プレビューには、選択したレイヤーの状態しか表示されていません。「全て表示」にチェックを入れて、全てのレイヤーが重なった状態を表示します。

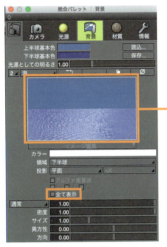

「全て表示」がオフの状態

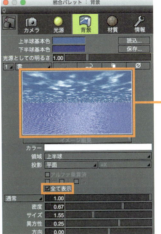

「全て表示」がオンの状態

「レイヤー2」のみ表示されています

全てのレイヤーが重なって表示されます

TIPS

「バックドロップ」で背景を設定

イメージウインドウのレンダリングオプションにある「イメージ」タブの「バックドロップ」でも背景の設定は可能です。「バックドロップ」機能は、背景に使用する写真やCGを合成する機能です。レンダリング時にアルファチャンネルというマスクのチャンネルが自動的に作成されて、オブジェクト以外の部分に背景の画像を合成させることができます。「バックドロップ」を使った背景は、オブジェクトに「反射」などの影響を及ばさない点や、レンダリングサイズとバックドロップで合成する写真のサイズを同じにしておく必要があることに注意しましょう。

合成前。オブジェクトのみの状態

背景となるイメージを選択します

背景のイメージとオブジェクトが合成されました

複数のパターンを組み合わせる

パターンを使った背景は単調になりやすく、立体感を表現しにくいという難点があります。そこで複数のパターンを組み合わせて、凝った背景を作成してみましょう。影の部分に「暗めの雲」を、光が当たってる部分に「明るめの雲」を、というように2つのレイヤーを重ねることで、立体的で厚みのある雲を作ることができます。地平線部分の空と地面がくっきり別れてしまって不自然なところは「霧」を設定して不自然さを解消してみました。このように工夫次第でそれなりの背景が作れますので色々試してください。

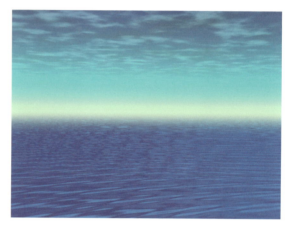

完成イメージ

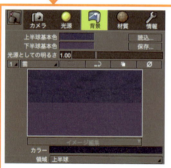

レイヤー1は「上半球」に暗めの「雲」を設定しました

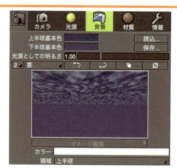

レイヤー2は「上半球」に明るめの「雲」を設定しました

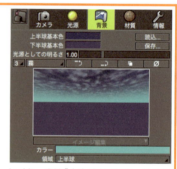

レイヤー3は「上半球」に設定し、地平線部分に「霧」を設定しました

レイヤー4は「上半球」に設定し、地平線部分に「霧」を設定しました

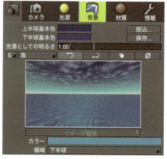

レイヤー5は「下半球」に「海」を設定しました

レイヤー6は「下半球」に設定し、地平線部分に「霧」を設定しました

〉〉〉〉〉〉〉 オブジェクトへの反映と背景のレンダリングの設定

STEP 1

「背景」の設定は、反射や透明を設定したオブジェクトの表面材質に背景を反映させてレンダリングさせることができます。オブジェクトに背景を映り込ませたり、映り込ませなかったりなど自由に設定できます。「イメージウインドウ」のレンダリングオプションから「基本設定」タブ→「背景を描画」のチェックボックスをオンにします。この状態では背景は描画されますが、オブジェクトへの映り込みは行われません。

「背景を描画」と
「背景を反映」を
オフにしました

背景は描画されていませんし、映り込みもオフなので映り込んでいません

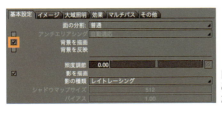

「背景を描画」のみをオンにしました

背景が描画されました。しかし、「背景を反映」がオフなのでオブジェクトには映り込んでいません

STEP 2

設定した背景のオブジェクトに背景を映り込ませてレンダリングするには、「イメージウインドウ」のレンダリングオプションから「基本設定」タブ→「背景を反映」のチェックボックスをオンにします。「背景を描画」のチェックボックスがオフでも「背景を反映」のチェックボックスがオンであれば背景を映り込ませてレンダリングすることは可能です。「背景を反映」の設定は「レイトレーシング（ドラフト）」でも反映されますが、オブジェクト同士の映り込みはできません。

「背景を描画」と
「背景を反映」を
オンにします

背景は描画され、オブジェクトに映り込みもあります

「背景を描画」
はオフで「背景
を反映」をオン
にします

オブジェクトに映り込みがありますが、背景は描画されません

背景の設定の保存と読み込み

「背景」の設定をファイルとして保存したり読み込むことができます。一度作った背景の設定を再び使いたい時や、別のシーンファイルで使いたい時などに便利な機能です。

「背景」は保存して、他のシーンで使うことも可能です

TIPS

「無限遠光源」の「フィジカルスカイ」と「グレア」を併用して海に沈む夕日を再現

「背景」ウインドウと「無限遠光源」にある「フィジカルスカイ」(Standard版以上に搭載)と「グレア」を組み合わせることで、さらに凝った表現も可能です。ここでは「無限遠光源」の「フィジカルスカイ」を夕方の時間帯に設定して、「無限遠光源」の「グレア」の設定も併用して、海に沈む夕日を再現してみました。この場合、注視点方向に太陽の位置がくるように、「位置」の真北などに設定する必要があります。このように設定することで、Shadeの機能だけで太陽が海に沈んでいくような背景を作ることも可能です。

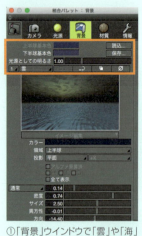

①「背景」ウインドウで「雲」や「海」などのパターン設定をします

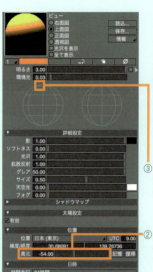

②太陽の位置が注視点方向にくるように、「位置」の真北のスライダなどで調整します

③太陽は必ず視点の反対方向の注視点側にくるようにレンダリングする必要があります

6-2 イメージを使った背景の設定

「背景」には、写真やCGで作ったビットマップイメージを設定することも可能です。HDRIのイメージも設定できますので、背景画像自体を光源にすることや、クロームメッキなどの反射率の高い材質に背景を映り込ませることで、よりリアルな質感が表現ができるようになります。

⟫⟫⟫⟫⟫⟫⟫⟫ 背景にイメージの読み込みや設定済みの「背景」を読み込む

「背景」ウインドウのパターンポップアップメニューで「イメージ」を選択し、プレビュー画面を右クリックして「読み込み」を選択することで、イメージを読み込むことが可能です。「領域」ポップアップメニューは「全体」、「投影」ポップアップメニューは「球」を選択することで、1つのイメージを背景にマッピングすることができます。また、「領域」ポップアップメニューは「上半球」、「下半球」に別々のイメージを設定することも可能です。

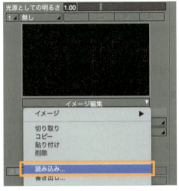

「イメージ編集」→「読み込み」をクリックし、イメージを読み込みます

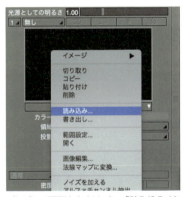

プレビュー画面を右クリック→「読み込み」を選択することでイメージを読み込むことができます

「背景」を設定し、車をレンダリングしてみました。車のクロームメッキなどのように反射率の高いパーツは、背景画像を反射させることでよりリアルな質感が表現ができるようになります

〉〉〉〉〉〉〉〉 読み込んだイメージの方向を設定する

360度のパノラマ画像をイメージとして設定した場合は、「方向」スライダでイメージの向きを設定できます。イメージの方向によって、オブジェクトの明るさや映り込みの具合も異なります。方向をいろいろ変えながら、テストレンダリングを繰り返して設定していきましょう。

①「方向」スライダで360度回転させることができます

②「反射」の設定が高いものは、同じ背景イメージであっても方向が違うだけで映り込み具合も違ってきます

パノラマ背景画像の回転方向のイメージ図。図は上半球のみで説明しています

マッピングの投影方向を「平面」「球」「ライトプローブ」「キューブマップ」「バーティカルクロス」から選択できます。パターンによっては選択できないのもあります。HDRIなどの画像を読み込んだ場合は、たいてい「球」に設定するのが理想です。また、背景のマッピングの向きを90度回転させたり、上下左右を入れ替えることができます。通常はデフォルトの設定でよいでしょう。

「投影」の方法を選択することができます

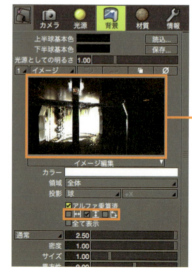

背景の画像を上下に入れ替えました

「左右反転」「上下反転」「90度回転」の中から「上下反転」を選択します

〉〉〉〉〉〉〉 背景にHDRIを使用する

HDRI（ハイダイナミックレンジイメージ）とは、通常の画像よりも広い明暗の情報を持った画像のことです。HDRIを背景に設定することで、無限遠光源を使用しなくても自然なライティングが可能になり、フォトリアルな画像を作ることができます。これをIBL（イメージベースドライティング）といいます。背景にパノラマのHDRIを設定することで、反射率を高く設定したメタリックなオブジェクトなどにリアルな光沢や映り込みを入れたり、表面材質の光沢の設定がなくてもハイライトを入れることもできます。

下の自動車の完成イメージは、背景にHDRIを読み込み、メッキ部分やボディの反射率を高く設定し、イメージウインドウのレンダリングオプションの「基本設定」タブ→「背景を反映」にチェックを入れて大域照明のパストレーシングでレンダリングしています。ホイールやバックミラーなどメッキ部分に背景が映り込み、リアルな質感が再現されています。HDRIはShadeExplorerにもあらかじめ用意されていますし、購入したりHDRIのサイトなどで無料でダウンロードすることもできます。同じオブジェクトでも背景に設定したHDRIでかなり雰囲気も違ってきますので、テストレンダリングをして映り込み具合を確認しながら画像を選ぶとよいでしょう。

背景にHDRIの画像を使用したことで、ボディやガラス、ライトなどのクロームメッキ部分の反射率が上がり、よりリアルな質感を再現することができました

STEP 1

「背景」に設定するHDRIは、ShadeExplorerや素材配布サイトでも入手したり、購入することも可能です。また、Shade内でも作成することができます。下の画像は自作した家のパースをパノラマレンダリングし、HDRIで保存して「背景」に読み込んでレンダリングしたものです。

①室内のパースをパノラマレンダリングします

③「背景」ウインドウに読み込んだHDRIです。プレビュー画面上に作成したHDRIが表示されています

②OpenEXR形式で保存します

STEP 2

「イメージ」ウインドウのレンダリングオプションの「効果」タブ→「投影法」グループ→「パノラマ」ポップアップメニューは「球投影」を選択し、レンダリングすると360度レンダリングされたパノラマ画像が完成します。完成したパノラマ画像をOpenEXRで保存すると、HDRI画像を完成させることができます。

STEP 3

パノラマでレンダリングした画像を「背景」のイメージに再び読み込み、レンダリングを行いました。

〉〉〉〉〉〉〉〉 「背景」の環境マップを使わずにオブジェクトに映り込みを入れる

「背景」の環境マップを使わずにオブジェクトに映り込みを入れることもできます。オブジェクトの「表面材質」の「パターン」ポップアップメニューの「イメージ」と「属性」ポップアップメニューの「環境」で直接オブジェクトに映り込みを貼ってしまう方法です。オブジェクト自体に環境マップを貼ってしまうので、複数のオブジェクトで別々の映り込みの表現が可能になります。

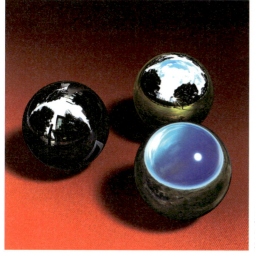

「背景」の環境マップを使わずに個別にオブジェクトに映り込みを入れることもできます

T I P S

ShadeExplorerに収録されている背景を使う

ShadeExplorerには、あらかじめいくつかの背景の設定が用意されています。登録されているイメージをダブルクリックするか、ドラッグ＆ドロップで読み込むことができます。

①イメージをダブルクリックします

②イメージが読み込まれました

ShadeExplorerに登録されているイメージ

ShadeExplorerの背景を使って、作品を作成してみました。

完成イメージ

使用したShadeExplorerの背景

シャドウキャッチャーで背景に影を落とす

「背景」に設定した画像は360度撮影した2次元のパノラマ画像をドーム状に背景として貼り付けているだけなので、オブジェクトの影を反映させることはできません。そこでオブジェクトが落とした影を表現するには、「シャドウキャッチャー」を使用します。「シャドウキャッチャー」とは、自分自身はレンダリングされませんが、他のオブジェクトに落とした影を表現することができるという機能です。使い方は、影を落としたいオブジェクトの下に、「閉じた線形状」などで影を受けるためだけの長方形を作成します。ブラウザの右上／右下にある三角のトグル（表示／非表示切り替え）ボタンをクリックして、チェックボックスを表示させます。チェックボックスの部分を右クリックすることで表示されるリストの中から、「シャドウキャッチャー」チェックボックスをオンにします。あとは先程制作した「閉じた線形状」を選択し、「シャドウキャッチャー」チェックボックスを2回クリックすることで有効になります。レンダリングしてみると、オブジェクトの下に作成した「閉じた線形状」はレンダリングされていませんが、他の形状が落とした影はレンダリングされています。

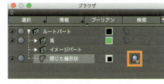

①三角のトグル（表示／非表示切り替え）ボタンをクリックします

②チェックボックスをオンにします

③「シャドウキャッチャー」チェックボックスを2回クリックして、有効にします

「シャドウキャッチャー」の設定がない状態。影は落ちていますが「閉じた線形状」までがレンダリングされてしまっています

「シャドウキャッチャー」を設定した状態。「閉じた線形状」が消えて影だけの表示になり、背景に影だけが落ちていることを確認できます

「シャドウキャッチャー」は影だけではなく、反射などの表現もできます。「荒さ」「異方性反射」「フレネル」「屈折」などの設定もできますが、シャドウキャッチャーの形状全てが反射してレンダリングされてしまうので、「表面材質」ウインドウ→「その他の表面材質属性」→「表示属性」グループ→「背景を反射しない」にチェックを入れておきましょう

227

》》》》》》》「図形」ウインドウに背景を表示する

「図形」ウインドウに背景を表示させることができます。「図形」ウインドウに背景が表示されると、レンダリングせずにある程度の背景の状態を確認することが可能です。透視図にある「表示切り替え」ポップアップメニューの「図形」ウインドウから「背景の表示」を選択します。「背景」ウインドウで設定を変更した場合、「背景の更新」で新たに設定された背景が表示されます。

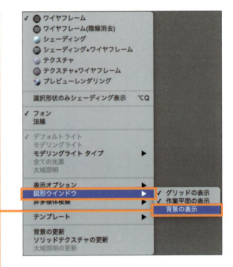

「背景」の設定は「図形」ウインドウに表示させることが可能です

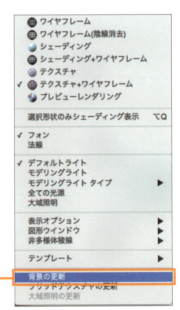

背景の設定を変更した場合は、「背景の更新」で設定を更新することができます

TIPS

「アルファチャンネル」を使用した背景の合成

「アルファチャンネル」とは、マスキングするための画像と考えてよいでしょう。グレースケール（白黒の画像）を使って画像をマスキングして、必要な部分だけを選択することができます。ここではアルファチャンネルを使って、手前の被写体と背景を合成する方法を紹介しましょう。

アルファチャンネルとは？

Shadeでレンダリングを行うと、自動的にオブジェクトの部分を覆う「アルファチャンネル」が作られます。Photoshopなどで合成する際に、わざわざ切り抜くための選択範囲を設定する必要はありません。ただしアルファチャンネルを保持できる画像形式は限られています。画像形式は、TargaかTIFFが全グレード対応で、画像編集ソフト側の挙動も安定しているので使いやすいです。

PhotoshopなどでShadeでレンダリングした画像を開いてみると「アルファチャンネル」が作られていることを確認できます

アルファチャンネルの黒の部分は選択されていない領域です。白くなるほど選択されていき、真っ白のところは完全に選択された状態です。レンダリングイメージの透明部分は、グレーになります。透き通った部分は、半選択の状態になっています。

選択されていない部分　　選択されている部分

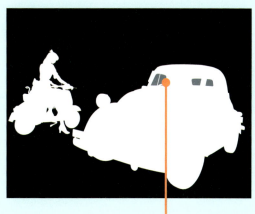

車の窓は透明なので、グレーの半選択の状態になっています

229

TIPS

アルファチャンネルを使って合成する

アルファチャンネルがあれば、Photoshopなどの画像処理ソフトでオブジェクトと背景を簡単に合成することができます。手前のオブジェクトはアルファチャンネルで背景となる部分を切り抜いて、背景と合成します。

Shadeから出力されたアルファチャンネル

背景用の画像

Shadeでレンダリングした画像

3つの画像を使った完成イメージ

「イメージウインドウ」のレンダリングオプションで設定できる「マルチパスレンダリング」の「透明度」を使用すると、色を考慮した透明度を出力できます。「マルチパスレンダリング」の「透明度」と「Z値」は全グレードで使用できます。材質によって使用することにより、より合成の効率を高めることができます。

Z値で背景をぼかす

「イメージ」ウインドウのオプションの「マルチパス」タブには、レンダリングイメージに対して後処理を行うための「マルチパスレンダリング」があります。「マルチパスレンダリング」はStandard版とProfessional版のみ搭載されている機能ですが、「Z値」パスならばBasic版でも使用可能です。Standard版以上で使用できる「Z値（n次レイ）」パスを出力すると、透明度や反射を考慮した奥行き情報が生成されます。ガラスの向こうにもぼかしを入れたい時などに便利な機能です（右の画面はStandard版のものです）。

「Z値」パスをレンダリングすると奥行き情報がグレースケールで描き出されます。手前にいくほど黒く、遠くにいくほど白くなってレンダリングされています。その画像をPhotoshopなどのアルファチャンネルに読み込み、ぼかしフィルターを適用すると白い部分がより強くぼかされ、被写界深度のような効果を実現することが可能になります。「Z値」は奥行き情報がグレースケールで描き出されるので、これを利用してバンプマッピングやディスプレイスメント用の画像を作ることも可能です。

Shadeから出力された奥行き情報

Shadeでレンダリングした画像

奥行き情報を使ってぼかしを適用した完成イメージ

231

232

Shade3D ver.16 Guidebook

Chapter 7

レンダリングの設定

モデリングや表面材質、ライティング、カメラアングルの設定が終わったら、レンダリングの作業に入ります。レンダリングとは、今まで設定してきたシーンを計算して画像化する工程のことです。レンダリングの手法や品質を細かく設定することもできます。———text by HAL_

7-1 レンダリングの開始

レンダリングの実行および各種設定は、「イメージウインドウ」で行います。まずはレンダリングの開始や停止、再開の方法を紹介します。

》》》》》》》》「イメージウインドウ」の表示

イメージウインドウは、メインメニューの「表示」メニュー→「イメージウインドウ」を選択すると表示されます。

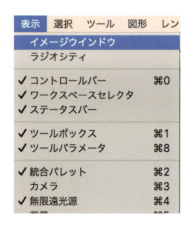
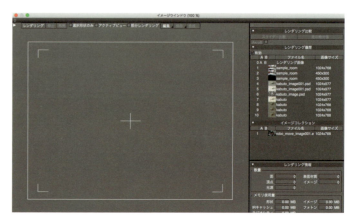

》》》》》》》》レンダリング設定

レンダリングに関する様々な設定を行うには、左上のトグルボタンで「レンダリング設定」を表示します（レンダリングの設定に関しては240ページの「レンダリングの設定」で詳しく解説しています）。

》》》》》》》》レンダリングの開始

「レンダリング」ボタンをクリックすることでレンダリングを開始します。

レンダリングの経過時間を確認できます

》》》》》》》 レンダリングの停止と再開

レンダリングを途中でやめたい場合は、「停止」ボタンを押すことで一時停止できます。レンダリングを再開したい場合は、「再開」ボタンを押します。停止した状態でファイルを保存しておけば、次回ファイルを開いた時に途中からレンダリングを再開することができます。

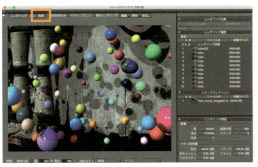 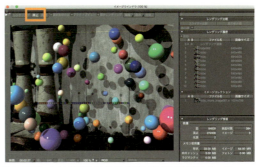

「停止」を実行した後に各種設定を変更し、レンダリングを「再開」すると、意図しない結果になる場合があるので注意しましょう

》》》》》》》 レンダリングを行う対象を設定

● 選択形状のみレンダリング

オンにすると、ブラウザで選択した形状だけがレンダリングされるようになります。オフの時はすべての形状がレンダリングされます。

● アクティブビューをレンダリング

オンにすると、現在作業している図形ウインドウ(上面図／正面図／透視図／右面図)の様子をそのままレンダリングすることができるようになります。

TIPS

ブラウザでレンダリング形状を選択

場合によってはレンダリングしたくない形状もブラウザに含まれているかもしれません。その場合はブラウザ内の「レンダリングチェックボックス」をクリックで切り替えることによって「常にレンダリングしたい形状」「したくない形状」を設定しておくことができます。

右のセッティングでレンダリングしてみました。前景に散らばる数百個の球体は非表示で、さらにレンダリングも対象外にしてあるためプレビューレンダリングもされません

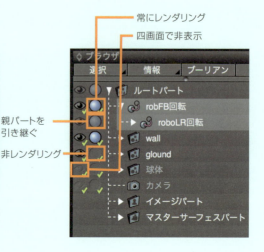

》》》》》》》 イメージウインドウの一部だけをレンダリング

シーンの一部だけを変更した場合などには、毎回すべてのレンダリングをやり直したのでは大変です。その場合は、レンダリングし直したい箇所をイメージウインドウで部分的にレンダリングすることができます。

STEP 1

イメージウインドウの「部分レンダリング」チェックボックスにチェックを入れます。レンダリング範囲を示す白い枠が表示されます。

STEP 2

白い枠にマウスカーソルを合わせます。カーソルがリサイズカーソルに変わり、ドラッグ操作で白い枠のサイズを変更できるようになります。

STEP 3

白い枠の中にマウスカーソルを合わせます。カーソルが手のひらカーソルに変わり、ドラッグ操作で白い枠を移動することができます。

STEP 4

「レンダリング」ボタンをクリックします。白い枠の中だけでレンダリングが開始されます。この例では、頭部ヘルメットのガラステクスチャを確認するために、カメラを変更して部分レンダリングしてみました。

TIPS

ドラッグによる部分選択

Ctrlまたはz(Win)／option(Mac)キーを押したままイメージウインドウをドラッグすることでも、部分レンダリングの範囲を指定することができます。

自動的に「部分レンダリング」チェックボックスはオンになります

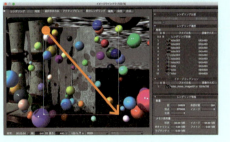

》》》》》》》》 レンダリング画像の保存

レンダリング画像はハードディスクなどに保存できます。

STEP 1

レンダリング画像を保存するには、「保存」ボタンを押して「保存」を選択します。

237

STEP 2

ファイルを保存するダイアログが表示されます。「ファイル名」には好きな名前を入力します。「ファイルの種類」は目的の画像形式を選択します。保存する場所を選択して、「保存」ボタンを押します。

様々な保存形式から必要に応じて選択します。OpenEXRはCG業界で広く利用されているフォーマットで、アルファチャンネル有効と無効を選択して保存します

》》》》》》》》 イメージの編集

イメージウインドウの右側にある「編集」ボタンをクリックすると、コピーや切り取り、ノイズを加えたり様々な編集ができます。

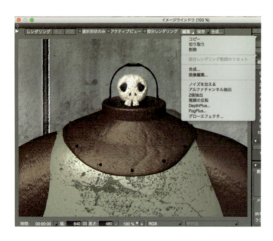

「Z値」パスをレンダリング後、「編集」→「Z値抽出」で表示させました

》》》》》》》》 イメージの合成

STEP 1

「合成」ボタンをクリックすると、ファイルを選択するダイアログボックスが表示されます。レンダリング画像の形状がない背景の部分に選択した任意のイメージを合成します。

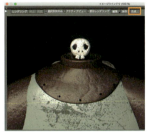
①「合成」ボタンをクリックします

②ダイアログボックスで背景に配置したいイメージを選択します

STEP 2

選択したイメージが背景部分に合成されました。選択したイメージは、イメージウインドウの中央にサイズを変更せずに配置されることに注意しましょう。

配置したイメージはあくまで合成のため、形状自体の映り込みなどには影響を及ぼさないことにも注意が必要です

》》》》》》》》 以前のレンダリング画像と比較してみる

イメージウインドウの右側にある「レンダリング比較」と「レンダリング履歴」は、過去のレンダリング結果と比較することができる機能です。以前のレンダリング結果からどれだけ改善されたか見比べる時に利用します。

Professional
「レンダリング履歴」や「比較」はProfessional版のみに搭載されている機能です

「スライダ比較」ボタンを押し、比較する画像(AとB)を「レンダリング履歴」から選択します。レンダリング直後の画像を「A」、ひとつ前の画像を「B」に設定しました。画面内のラインをドラッグすると比較表示サイズが変わります

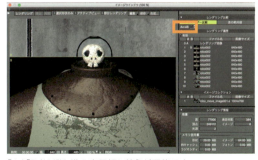
「A」「B」は縦と横の表示切り替えが可能です

7-2 レンダリングの設定

レンダリングの設定を変更することで、レンダリングの手法や品質をコントロールできます。ここではレンダリング設定の基本的な機能を紹介していきます。

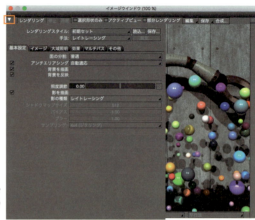

レンダリング設定の表示は、イメージウインドウの「レンダリング設定表示／非表示切り換え」ボタンで切り換えることができます

〉〉〉〉〉〉〉〉 レンダリング手法の選択

「手法」ポップアップメニューからレンダリング手法を選択します。Shadeに用意されている基本的な手法は5種類です。

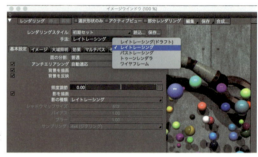

「手法」ポップアップメニューをクリックします

● レイトレーシング(ドラフト)

レイトレーシングの機能を一部制限したレンダリング手法です。屈折や形状同士の反射、高品質な影など計算時間のかかる表現方法が省略されているため、高速にレンダリングすることが可能です。しかし、画像のリアリティは高くありません。

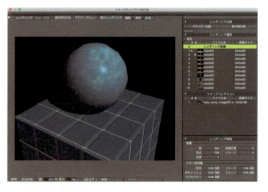

「レイトレーシング(ドラフト)」は面光源に対応していないので、点光源として計算されます

● レイトレーシング

Shadeのデフォルトのレンダリング手法です。屈折や反射、高品質な影なども表現可能なため、比較的リアルなイメージをレンダリングすることができます。レンダリング速度と品質のバランスが取れたレンダリング手法です。

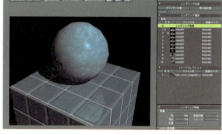

レイトレーシングはレイトレーシング(ドラフト)に比べて、反射や影のボケなどの表現が加わったのがわかります

● パストレーシング

レイトレーシングを発展させた、極めて高品質なレンダリング手法です。「表面材質」の「荒さ」や「カメラ」の「焦点」など、あらゆるぼかし表現に対応しているため、非常にリアリティのあるレンダリング結果が期待できます。その反面、レイトレーシングに比べてレンダリングにはそれなりの計算時間を要します。

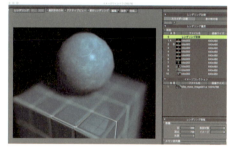

レイトレーシングに比べ、「反射」や「透明」の「荒さ」、カメラの「焦点」による被写界深度などの表現が加わったのがわかります

● トゥーンレンダラ

漫画やイラスト風のレンダリングができる手法です。設定によってスケッチ調など、様々なテイストの表現が可能です。

Standard Professional

「トゥーンレンダラ」はStandard版とProfessional版のみに搭載されている機能です

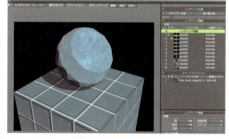

レンダリング設定の「手法」ポップアップメニューの横にある「設定」をクリックすることで、「トゥーンレンダリング設定」が開き、細かい設定が可能です

● ワイヤフレーム

形状をワイヤフレームとしてレンダリングします。ワイヤフレームの太さや色といった細かい設定も可能です。

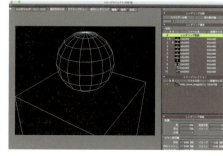

レンダリング設定の「手法」ポップアップメニューの横にある「設定」をクリックすることで、「ワイヤフレームオプション」が開き、各設定を変更できます

7-3 「基本設定」タブの設定

レンダリング設定では6つあるタブによって設定する項目を切り替えて操作します。「基本設定」タブではレンダリングの基本設定を行います。

》》》》》》》 「基本設定」タブの表示

「基本設定」を表示するには、イメージウインドウの中の「基本設定」タブをクリックします。ここからは「基本設定」タブの内容を解説します。

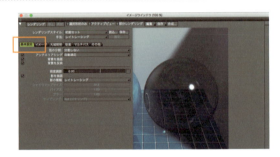

》》》》》》》 ポリゴン分割の細かさを設定する「面の分割」

自由曲面やポリゴンメッシュの「サブディビジョンサーフェス」など、曲面の情報を持つ形状をレンダリングする際に、ポリゴン分割の細かさを5段階から選べます。面分割を細かくするにつれて曲面は滑らかになりますが、メモリも多く使用します。「面の分割」の設定は、図形ウインドウの表示には反映されないことに注意してください。

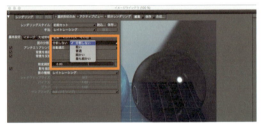

面の分割は、「基本設定」タブの「面の分割」ポップアップメニューから選択します

● 分割しない

曲面は一切分割されません。ポリゴンメッシュに変換されている形状や直線的な形状など、分割の必要がない形状をレンダリングする際に選択します。

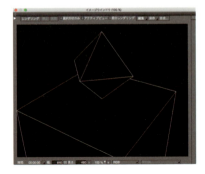
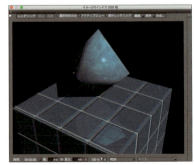

● 粗い

曲面のポイント間を1回だけ分割します。高品質とはいえませんが、高速なので曲面情報を持った形状が遠くにある場合や小さい場合などに利用すると便利です。

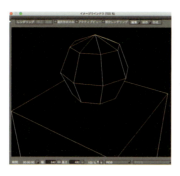
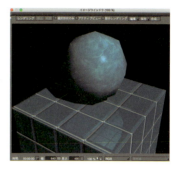

● 普通

最もバランスのとれたShadeのデフォルト設定です。至近距離の形状や大きい形状では不十分な場合もありますが、大抵の場合はこの品質で十分でしょう。

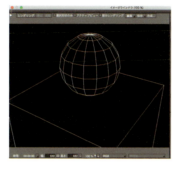
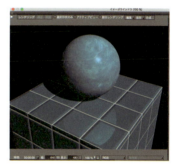

● 細かい

曲面の滑らかな表現が可能です。「普通」の分割では不十分の場合に選択します。ただし、それにともなってメモリの使用量も上がります。

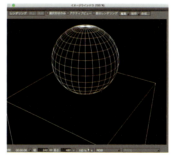
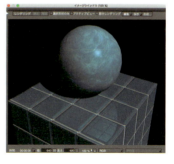

● 最も細かい

非常に滑らかな曲面の表現が可能ですが、その分メモリを大量に使用します。高品質なレンダリングイメージを求める場合にのみ選択するようにしましょう。

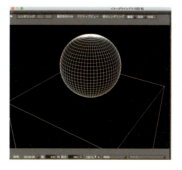
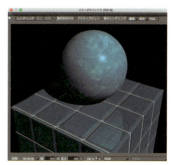

243

TIPS

ブラウザでの面の分割指定

「基本タブ」で設定した面の分割はシーン全体に対して一様に適用されますが、形状によってはそこまでの分割が必要でないものや更に分割したいものもあるかもしれません。そのような場合はブラウザで対象の形状を選択し、名前の前に「<」もしくは「>」記号を入力することで形状ごとに面分割を操作できます。

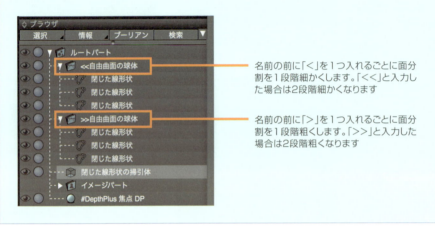

名前の前に「<」を1つ入れるごとに面分割を1段階細かくします。「<<」と入力した場合は2段階細かくなります

名前の前に「>」を1つ入れるごとに面分割を1段階粗くします。「>>」と入力した場合は2段階粗くなります

》》》》》》》 アウトラインを滑らかにする「アンチエリアシング」

「アンチエリアシング」は、形状の輪郭などがレンダリングの際ギザギザに見える「ジャギー」と呼ばれる現象を抑える機能です。オフの場合はジャギーが目立ってしまうので、通常はオンにします。大抵は「自動適応」で十分ですが、滑らかさが足りない場合は上限の「8×8」まで数値を上げることができます。しかし、レンダリング時間は長くなるので注意しましょう。

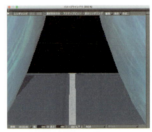

「アンチエリアシング」をオフにしました。ジャギー（ギザギザ）が目立ちます

「アンチエリアシング」をオンにしました。輪郭が滑らかに補間されていることがわかります

「パストレーシング」では自動でアンチエリアシング処理が行われるため、この項目は選択できません

》》》》》》》「背景を描画」と「背景を反映」

背景をレンダリングイメージに、どのように描写するかを決めるチェックボックスです。

「背景を描画」「背景を反映」ともに
チェックを入れていない画像です

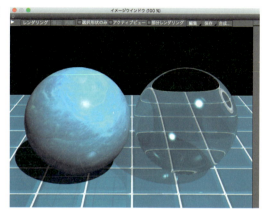

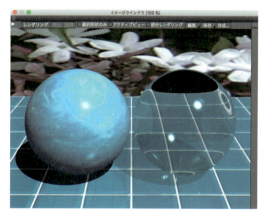

「背景を描画」にのみチェックを入れた画像です。「背景を反映」
にはチェックを入れていないので、透過や反射などの影響はあ
りません

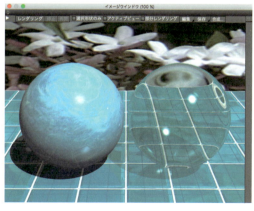

「背景を描画」「背景を反映」ともにチェックを入れた画像です。
形状に反射などが反映され、リアルな表現になりました。また、
「大域照明」のパストレーシングを使用した場合は、背景の明る
さも反映するようになります。

シーンの明るさを設定する「照度調節」

シーン全体の光源の明るさを調整するスライダです。デジタルカメラのRAW現像のように、スライダ1つでシーンの明るさが調節できます。

`Standard` `Professional`

「照度調節」はStandard版とProfessional版のみに搭載されている機能です

「照度調節」を「-1」に設定した状態です

「照度調節」が「0」の状態です

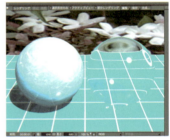
「照度調節」を「1」に設定した状態です

「影を描画」のオンとオフ

オンにすることでレンダリング時に影が表示されます。オフの状態では形状は影を落としません。特別な目的がない限り「影の描画」はオンにしておきましょう。

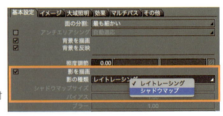

「影を描画」と「影の種類」の設定。形状の確認は影を付けない設定にすると、レンダリング速度が向上します

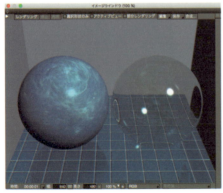
「影を描画」をオフにしてレンダリングしました。影が無いと、違和感のあるイメージになります

「影を描画」をオンにしてレンダリングしました。光源の設定により、影をソフトに仕上げています

7-4 「イメージ」タブの設定

レンダリングする際には、どのサイズでイメージをレンダリングするかを設定しなくてはいけません。「イメージ」タブでは、レンダリングの解像度などを詳細に設定することができます。

》》》》》》》 「イメージ」タブの表示

ここからは解像度などを設定する「イメージ」タブの内容を解説します。

》》》》》》》 レンダリングの幅や高さを設定する「解像度」

「プリセット」ポップアップメニューには、一般的によく使用されるサイズが登録されています。「幅」「高さ」「解像度」テキストボックスに数値を入力することで、任意にレンダリングサイズを設定できます。

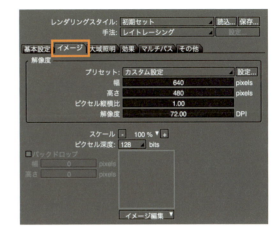

「カスタム設定」のボタンには様々なプリセットが用意されています

「プリセット」ポップアップメニューの右側にある「設定」ボタンを押すと「イメージサイズ設定」ウインドウが開き、印刷することを想定した詳細なサイズ設定ができます

〉〉〉〉〉〉〉 色深度を設定する「ピクセル深度」

レンダリングしたいイメージのピクセル色深度を「32」「64」「128」から選択します。「128」を選択しておくことで、リアルタイム色補正を使うことができるようになります。

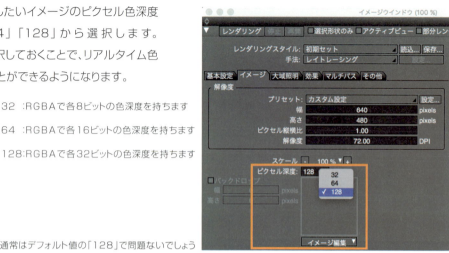

32　：RGBAで各8ビットの色深度を持ちます
64　：RGBAで各16ビットの色深度を持ちます
128：RGBAで各32ビットの色深度を持ちます

通常はデフォルト値の「128」で問題ないでしょう

💡 TIPS

リアルタイム「色補正」

「色補正」は3DCG制作において非常に重要な機能です。ガンマやコントラスト、カラーバランスなどを調整することで、シーン全体の明るさやトーン、光源近くの白とびしてしまった個所を修正することができます。

ピクセル深度を「128」に選択した状態でレンダリングしたイメージは、「色補正」ウインドウの「レンダリング画像に即時反映する」（Professional版のみに搭載）にチェックを入れることで、リアルタイムに調整することができます（色補正に関してはChapter7-9「実際にレンダリングしてみよう」の268ページで詳しく解説しています）。

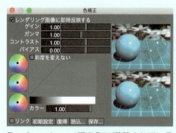

Professional版のみに搭載されている「レンダリング画像に即時反映する」チェックボックスにチェックを入れることで、「イメージウインドウ」の表示もリアルタイムに切り替わるようになります

「ガンマ」→「コントラスト」→「ゲイン」の順に調整するのがコツです

「色補正」ウインドウはメインメニューの「表示」メニュー→「色補正」を選択すると表示されます

7-5 「大域照明」タブの設定

「大域照明（グローバルイルミネーション）」とは間接光を計算してくれるレンダリング手法の総称です。現実世界では光は物体に当たった後も反射を繰り返し、周囲の形状に影響を与えます。この反射によって照り返される間接的な光を間接光と呼びます。

「大域照明」でリアルな表現

「大域照明」を加えることで、通常のレンダリング手法だけでは再現することのできない、写真のようなリアルなイメージを作成することも可能です。ver.16には大域照明として、4種類の手法が用意されています。各手法はレイトレーシングやパストレーシングなど通常のレンダリング手法と組み合わせて使います。

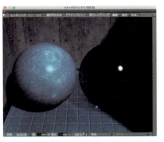
通常のレンダリング手法を設定した無限遠光源1灯のシーンです。光源から直接、光が当たっている箇所以外は計算してくれません

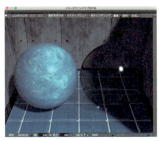
「大域照明」を使用しました。光の照り返しを計算するため、正確な描写が可能です

パストレーシングの設定

「パストレーシング」は高品質で最もスタンダードな「大域照明」です。通常のレンダリング手法にも「パストレーシング」がありますが、「大域照明」の「パストレーシング」と名前こそ同じものの、全く別のものと考えてよいでしょう。大域照明の「パストレーシング」は通常の手法である「レイトレーシング」、もしくは「パストレーシング」のいずれかと組み合わせて作動します。「レイトレーシング」と組み合わせた場合は、「反射」や「透明」の「荒さ」は表現されないので、一般的には「パストレーシング」と組み合わせるとよいでしょう。

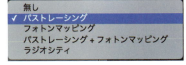

「大域照明」ポップアップメニューから「パストレーシング」を選択すると、「パストレーシング」グループ内の各項目が設定可能になります

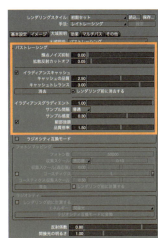

「パストレーシング」の設定は、「イラディアンスキャッシュ」を使う場合と使わない場合の2つに分かれます

249

》》》》》》》「イラディアンスキャッシュ」のオンとオフ

「イラディアンスキャッシュ」のチェックボックスがオフの場合のパストレーシングは、すべての細かなポイント(ピクセル)で間接光の影響を細部まで正確にレンダリングします。しかし計算が極端に長くなったり、計算精度が低いと粒子状のノイズが目立つといったデメリットがあります。そのような場合は「イラディアンスキャッシュ」をオンにして、レンダリングを行います。イラディアンスキャッシュでは計算するポイントの半径を広くすることで全体のポイントの数を減らし、計算時間を節約します。しかし、細部の陰影がつぶれやすかったり、精度が低いとマダラ状のモヤが発生しやすくなるといったデメリットもあります。

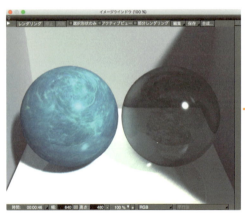

「イラディアンスキャッシュ」がオフのレンダリング結果です。細部の陰影まで正確にレンダリングされています。計算時間は1,600×1,200ピクセルサイズで約44分55秒

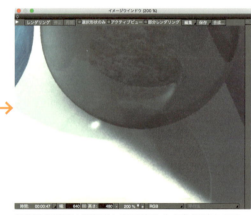

計算精度が低い状態では、粒子状のノイズが目立ちます

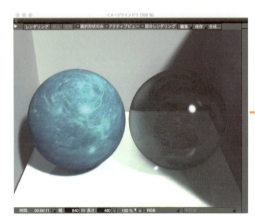

「イラディアンスキャッシュ」を使ったレンダリング結果です。計算時間は早くなりますが、細部のクオリティは使わない状態に比べ低くなります。計算時間は1,600×1,200ピクセルサイズで約12分31秒

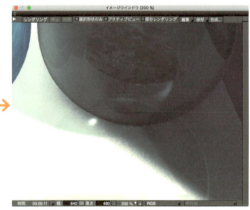

計算精度が低い状態ではディテールの甘さとマダラ状のモヤが目立ちます

時間をかけてでも高品質なイメージを求める時は「イラディアンスキャッシュは使わない」、多少品質を落としてでもレンダリング時間を節約したい時には「イラディアンスキャッシュを使う」、と考えておきましょう。しかし、「イラディアンスキャッシュ」も、正しく設定することで品質的には全く問題ない結果を得られるでしょう。

「パストレーシング」の各設定項目を解説します。

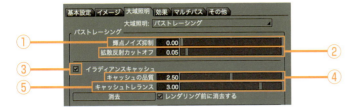

① 輝点ノイズ抑制

輝度の高いピクセルをカットオフにすることで、「擬似的」に粒子上のノイズを減少させることができます。その反面、レンダリング結果は物理的に正確ではなくなる場合があります。あくまで擬似的な方法なので、通常粒子状のノイズを減少させたい場合は、「その他」タブの「レイトレーシングの画質」で調整するのが一般的です。

② 拡散反射カットオフ

ここで設定した数値よりも暗い拡散反射値をもった表面材質は大域照明の計算から外されます。通常、透明体や色が暗い形状はあまり光をはね返しません。そのような形状を計算対象から外しておくことで、速度の向上が図れます。

③ イラディアンスキャッシュ

「イラディアンスキャッシュ」チェックボックスにチェックを入れると、下部の設定項目が増えます。増えた項目はすべて「イラディアンスキャッシュ」に対してのものです。パラメータが多いため、設定は少し複雑に見えますが実際によく使うのは3項目程度です。

④ キャッシュの品質

「キャッシュの品質」は、計算ポイントの数をコントロールします。数値を上げることで計算ポイントが増え、結果としてイラディアンスキャッシュ特有のモヤ（アーティファクト）を目立たなくすることができます。数値を上げるとクオリティが上がる分、計算時間は長くなります。

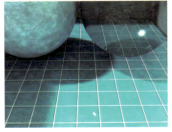

「キャッシュの品質」を「0.10」に設定しました。影にモヤが発生しています

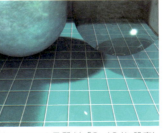

「キャッシュの品質」を「0.40」に設定しました。だいぶモヤが取れています

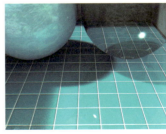

「キャッシュの品質」を「2.50」に設定しました。すっかりモヤが取れ、きれいな影になっています

⑤ キャッシュトレランス

「キャッシュトレランス」は、計算を行うポイントの半径をコントロールします。数値を下げることで、よりキメの細かい計算を行うようになるため、ディテールもしっかり表現してくれるようになりますが、マダラ状のモヤが目立ちやすくなります。その場合は「キャッシュの品質」を上げることで、目立たなくすることができます。

「キャッシュトレランス」を「4.00」に設定しました

「キャッシュトレランス」を「2.50」に設定しました

「キャッシュトレランス」を「0.00」に設定しました

TIPS

「キャッシュの品質」と「キャッシュトレランス」の関係

この2つのパラメータは相互関係にあります。「キャッシュトレランス」を下げた時は「キャッシュの品質」を上げなければモヤの原因となります。この関係を以下のように覚えておきましょう。

・細部の陰影などディテール重視の場合は、「キャッシュトレランス」を下げて「キャッシュの品質」を上げる。

・時間を優先する場合は、「キャッシュトレランス」はあまり下げずに「キャッシュの品質」も高くしない。

引き続き、「パストレーシング」の各設定項目を解説します。

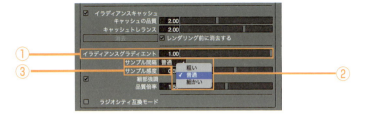

① イラディアンスグラディエント

イラディアンスキャッシュの細かい陰影を表現するのが苦手な問題を、擬似的に強調することで解決してくれる機能です。数値を上げることでバンプマップの効果なども鮮明に表現できるようになります。しかし、面取りした形状の角などの微細な面に意図しない陰影が発生することがあるので注意が必要です。

「イラディアンスグラディエント」を「0.00」に設定しました。床タイルのバンプマップの模様がよく見えません

「イラディアンスグラディエント」を「5.00」に設定しました。床タイルのエッジが明確に表現されているのがわかります

② サンプル間隔

計算するポイントの最小間隔を決めます。細い段差の陰影がつぶれている時などに「細かい」にすることで解決する場合がありますが、計算時間は長くなります。通常は「普通」でよいでしょう。

③ サンプル感度

細部のモヤがどうしても消えない場合は、「サンプル感度」の数値を上げることで改善する場合があります。ただし、数値を上げると計算は著しく遅くなります。通常はデフォルトの「0.30」でよいでしょう。

> **TIPS**
>
> **「サンプル間隔」と「サンプル感度」は最終手段**
>
> 「サンプル間隔」と「サンプル感度」は大事な機能ですが、仕組みを理解せずに設定をすると、結果はあまり変わらないのに、計算時間だけが増えてしまうことがあります。最初のうちは初期設定のままで、その他の設定項目ではどうしてもモヤが改善できない場合に限り、少し上げると解決できる場合がある、と覚えておきましょう。

253

●「細部強調」機能

「細部強調」チェックボックスにチェックを入れると、壁の近くや込み入った箇所に対してだけ自動的に「キャッシュトレランス」の数値を小さくした時と同じ状態になり、込み入った箇所など細部の陰影がシャープになります。その結果、細部にマダラ状のモヤが発生してしまった場合には「品質倍率」の数値を引き上げて緩和することができます。こちらは込み入った箇所に対してだけ「キャッシュの品質」を上げたのと同じ内容です。「細部強調」機能は通常オンにしておくことで、よい結果が得られるでしょう。

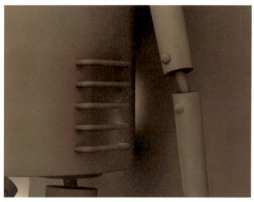

「細部強調」をオンにしてレンダリングすると、オブジェクトの繋がり部分やエッジなどが強調されリアル感ある作品になります

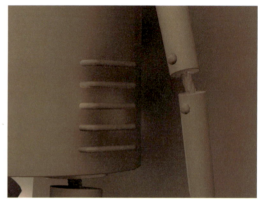

「細部強調」をオフにしたレンダリング画像は、何となくリアル感が薄れてしまっています

💡 TIPS

「細部強調」は常にオン

シーン全体に計算精度を一様に上げるのは非効率的です。「細部強調」と「品質倍率」は壁の近くや込み入った形状など細部に対してだけ計算精度を上げるため、最終イメージの品質が同じならば使用したほうが時間短縮につながります。この機能による悪影響はまずないので、通常はオンにしておくことをお勧めします。強調されすぎた場合にのみオフにする、と考えるとよいでしょう。

〉〉〉〉〉〉〉 フォトンマッピングの設定

フォトンマッピングはパストレーシング同様、大域照明の手法の1つです。光源からフォトンと呼ばれる光の玉を飛ばし、そのフォトンが形状ではね返る際の情報を元に間接光を計算するのが特徴です。最大のメリットは、鏡面反射や透明体の屈折によるコースティクスが表現できることです。

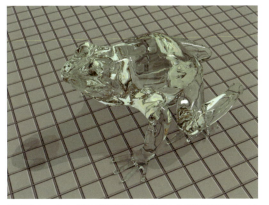

「パストレーシング」では反射や屈折による集光模様（コースティクス）は再現できません

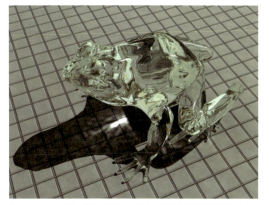

「フォトンマッピング」ではコースティクスの表現が可能で、リアルな再現ができています

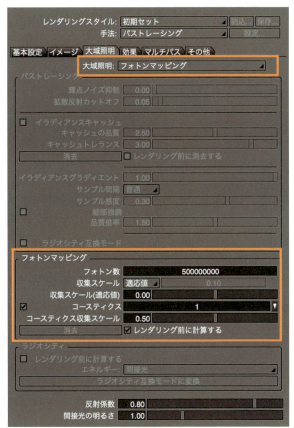

「大域照明」ポップアップメニューから「フォトンマッピング」を選択すると、「フォトンマッピング」グループ内の各項目が設定可能になります

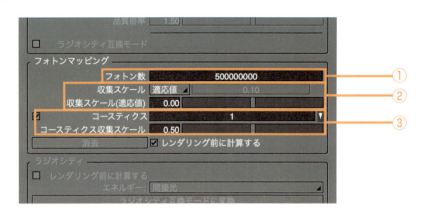

① フォトン数

光源から飛ばすフォトンの数を決める項目です。増やすことによってより多くのフォトンがシーンを飛び交うため、レンダリングの品質が向上します。

フォトン数5,000,000でのレンダリング結果

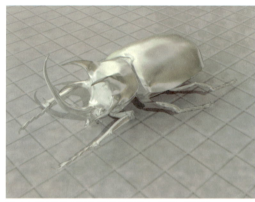

フォトン数500,000,000でのレンダリング結果

② 収集スケール

フォトンの大きさを決める基準を「適応値」、「相対値」、「絶対値」から選択します。「相対値」「絶対値」を選んだ場合は右側のテキストボックス、「適応値」を選んだ場合は下の「収集スケール（適応値）」スライダでそれぞれの大きさを設定します。値を大きくすると半径が大きくなってぼやけ、値を小さくすると半径が小さくなってシャープになります。

③ コースティクス

「コースティクス」チェックボックスをオンにすると、反射や屈折などに対してコースティクスが発生するようになります。右側の数値を大きくすることで、コースティクスに対してだけフォトン数を増やすことができます。下の「コースティクス収集スケール」では、コースティクスのフォトンの半径を決定します。小さい値はコースティクスをシャープにしますが、ムラがでやすくなります。

パストレーシング＋フォトンマッピングの設定

間接光を正確に表現できる「パストレーシング」と、コースティクスを描き出すことができる「フォトンマッピング」を同時に使用できる手法です。設定次第で両方の長所を併せ持ったイメージを作成することができます。

「大域照明」ポップアップメニューから「パストレーシング＋フォトンマッピング」を選択すると、「パストレーシング」「フォトンマッピング」両方の項目が設定可能になります

Standard　Professional

「パストレーシング＋フォトンマッピング」はStandard版とProfessional版のみに搭載されている機能です

「パストレーシング」を設定した状態です。半透明の球体の陰影などや、間接光の表現は極めて正確ですが、コースティクスは再現できていません

「フォトンマッピング」を設定した状態です。コースティクスは表現できていますが、ムラがでやすく細かい表現が苦手です。球体の影にもやが発生しています

「パストレーシング＋フォトンマッピング」を設定した状態です。両者の不得手な分野を上手く補い合っているため、コースティクスも影の表現もリアルに再現することができました

● 「反射係数」と「間接光の明るさ」

「反射係数」と「間接光の明るさ」スライダは「パストレーシング」または「フォトンマッピング」を選択した時に有効になります。「反射係数」は間接光の反射率、「間接光の明るさ」は間接光自体の明るさを上げます。間接光によってシーンを明るくしたい場合に数値を大きくします。

257

7-6 「効果」タブの設定

「効果」タブは、レンダリングイメージに様々な効果を加えることができる機能がまとめられています。一味違ったエフェクトを与えたい時にも有効です。

》》》》》》》レンズの効果を設定する「投影法」

特殊なレンズ効果に関する設定を行います。

① **魚眼レンズ**

レンダリング結果に魚眼レンズの効果を与えます。「1」より大きな値を設定すると、広角で真ん中が膨らんだような効果が強調されます。

「魚眼レンズ」を「0.75」に設定しました

「魚眼レンズ」を「1.00」に設定しました

「魚眼レンズ」を「1.50」に設定しました

② パノラマ

視点を中心に360度をレンダリングすることができます。IBL（イメージベースドライティング）などに使用する背景イメージを作成するのにも便利です。

「パノラマ」から「球投影」を選択してレンダリングしました

「パノラマ」から「バーティカルクロス」を選択してレンダリングしました

「パノラマ」から「ライトプローブ」を選択してレンダリングしました

動きの効果を与える「モーションブラー」

「モーションブラー」（Standard版以上に搭載）チェックボックスをオンにすると、モーションブラーの効果が有効になります。モーションブラー効果を得るためには、事前にモーションを設定しておく必要があります。

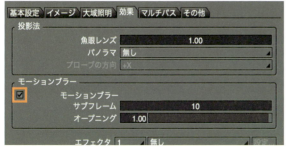

「サブフレーム」や「オープニング」の数値を調整することで、モーションブラーの品質やブレの量などを設定できます。ここでは10フレーム分のレンダリング設定をしています

7-7 「マルチパス」タブの設定

マルチパスレンダリングとは、拡散反射、影、光沢、背景などレンダリングイメージを形づくる様々な要素を個別に保存することができる機能です。Photoshopなど画像編集ソフトを使ってイメージを加工する際に、特定（たとえば反射）の要素だけを強調したり加工したりすることもできる大変便利な機能です。

Photoshopなどを使った画像編集の例

》》》》》》》マルチパスの設定

STEP 1

マルチパスの設定を行うには、「レンダリング設定」の「マルチパス」タブを表示します。

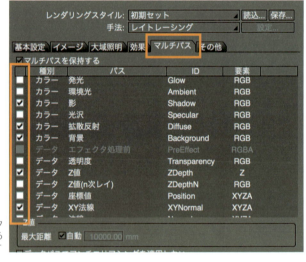

「マルチパスを保持する」チェックボックスをオンにして、下の一覧から個別に保存したいパスを選択します

STEP 2

レンダリングが終了したら、「イメージウインドウ」の「保存」から「マルチレイヤー」もしくは「マルチレイヤー（個別ファイル）」を選択して保存します。

● マルチパスの種類

ここでは代表的なパスの種類を紹介します。Basic版で利用できる「マルチパスレンダリング」は「透明度」と「Z値」のみとなります。すべての個別ファイルを選択できるのはStandard版とProfessional版です。

通常レンダリングのイメージ

背景(Background)

大域照明サンプル点(GIsampling)

影(Shadow)

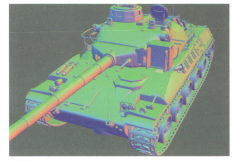
法線(normal)

形状ID(objectID)

拡散反射(diffuse)

Z値(Z Depth)

261

7-8 「その他」タブの設定

「その他」タブでは、レンダリングに関する各種設定を行います。ここでは代表的なものだけ紹介します。

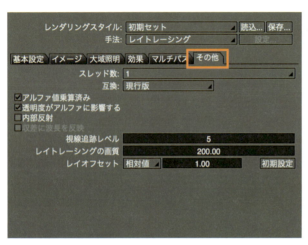

「その他」タブは「内部反射」、「視線追跡レベル」、「レイトレーシングの画質」の3つを解説していきます

〉〉〉〉〉〉〉〉 透明形状のレンダリング品質を向上させる「内部反射」

透明形状内部での反射の計算も行うことができる機能で、透明形状のレンダリング品質を向上させることができます。シーンに透明形状が多い場合は、計算に時間がかかることがあります。

「内部反射」をオンにした状態です

「内部反射」をオフにした状態です

〉〉〉〉〉〉〉 反射回数を設定する「視線追跡レベル」

反射回数を設定します。例えば合わせ鏡などを作成すると、反射は無限に繰り返すためにレンダリング時間は増加します。このような場合は、反射を繰り返す回数を制限することで計算時間を抑えることが可能です。特別なシーンを作ったりしない限り、値はデフォルトの「5」で問題ないでしょう。

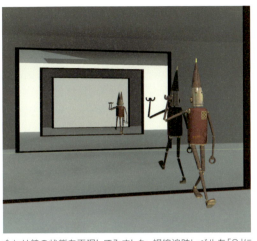 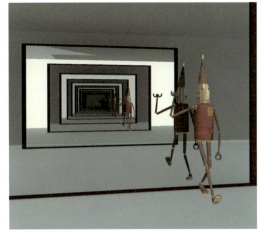

合わせ鏡の状態を再現してみました。視線追跡レベルを「3」に設定すると反射は三回までしか繰り返しません。それ以上は設定してある背景色（今回は白）が表示されます。計算時間は33秒です

「視線追跡レベル」を「15」に設定しました。反射を15回まで切り返すようになりましたが、計算時間は48秒となり、レベル数の分長くなります

〉〉〉〉〉〉〉〉 画質の品質を設定する「レイトレーシングの画質」

「レイトレーシング」または「パストレーシング」の時の画質を設定します。「レイトレーシングの画質」はレンダリング設定において非常に重要な項目です。例えば影や反射のボケ（ソフトネス）の質感が粗い時や、「大域照明」を使用した際のノイズなど、この数値を上げることで滑らかになります。しかし、上げすぎるとレンダリング時間の増大につながるので注意しましょう。

「レイトレーシングの画質」を「200」に設定してレンダリングすると、レンダリング時間はおよそ1時間50分かかりましたが、ノイズが無く、とても滑らかな結果が得られます

「レイトレーシングの画質」を「10」に設定し、一部をレンダリング。影が不均一でジャギーやノイズが非常に目立ちます

「レイトレーシングの画質」を「100」に設定しました。ノイズが無くなり滑らかになりましたが、レンダリング時間はおよそ1時間16分になりました

TIPS

画質を表面材質や光源の品質で個別に設定　　Professional

Shade13以前は、ノイズなどを抑えるためには「レイトレーシングの画質」でシーン全体に対して一律に設定を上げる必要があったため、時には必要のない箇所にまで無駄な計算をしてしまうことがありました。ver.14以降ではノイズの原因となる各表面材質や光源などの品質をそれぞれ別に調整できるようになったため、レンダリング時間の節約ができるようになりました（表面材質の「品質」についてはChapter3「色や材質の設定」の「表面材質の反射や荒さの品質設定」で詳しく解説しています）。

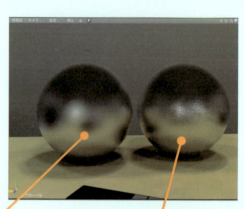

「レイトレーシングの画質」を「50」に設定してレンダリングした例。プレビューレンダリングで見ると「品質」の違いが明らかにわかる

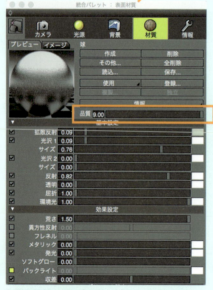
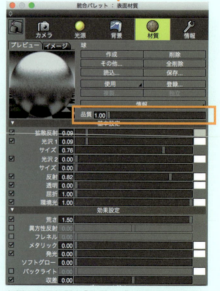

左側の表面材質の「品質」は「9」に設定しました　　右側の表面材質の「品質」は「1」のままの状態です

7-9 実際にレンダリングしてみよう

ここではあらかじめ用意されたシーンを使って、実際にレンダリングの操作を一通り実践してみましょう。最後に写真のようなリアルなレンダリングにもトライしてみます。

Model Data
当記事のShadeのシーンデータをWebページで配布しています。詳細は002ページを参照してください

》》》》》》》 レンダリングの開始

STEP 1

ダウンロードしたチュートリアルファイル「renderingShade16.shd」を開きます。設定はそのままで構いません。メインメニューの「表示」メニュー→「イメージウインドウ」を開きます。「イメージウインドウ」のトグルボタンをクリックすると「レンダリング設定」が表示されます。

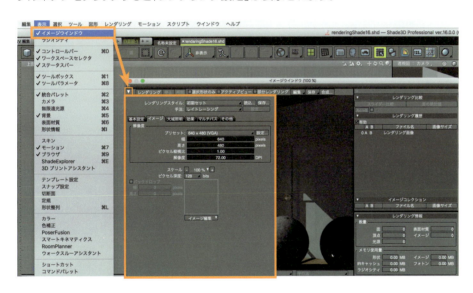

STEP 2

今回のシーンは床の表面材質に「反射」と「荒さ」が設定されているので、「手法」から「パストレーシング」を選択します（「手法」に関しては240ページの「レンダリングの設定」で詳しく解説しています）。「レンダリング」ボタンを押して、レンダリングを開始します。

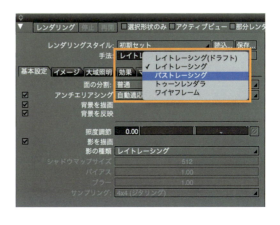

265

STEP 3

レンダリングが終了しました。しかしあまり満足のいく結果ではありません。

ここからは「大域照明」を設定してリアルな画像を目指します。「大域照明」は光の照り返し（間接光）も計算してくれるため、写真のようなレンダリング結果が得られます。「大域照明」についてはChapter7-5でも解説をしています。

STEP 4

「大域照明」タブを選択し、「パストレーシング」を選択します。ここでは一度「イラディアンスキャッシュ」チェックボックスはオフにします。設定を変更したら「レンダリング」ボタンを選択して、レンダリングを開始します。レンダリング結果は大域照明を使ったのにもかかわらずリアルになったとは言い難い結果です。全体的にも暗い印象です。まずはシーンがもう少し明るくなるようにしてみます。

STEP 5

シーンを明るくするには様々な方法ありますが、今回は「大域照明」タブの「間接光の明るさ」を使ってみましょう。「間接光の明るさ」の設定を上げることで、大域照明で計算された間接光成分は通常より明るくレンダリングしてくれるようになります。今回は思い切って「3.00」にまで上げてレンダリングし直してみます。レンダリングを確認してみると、シーンは明るくなりましたが、額縁や壁の隅など日陰になっている部分を見るとどこかメリハリのない印象を受けます。この原因は「光源」設定の「環境光」にあります。

STEP 6

「統合パレット」の「光源」で設定できる「環境光」は、大域照明を使わない場合に間接光を"擬似的"に表現するためのものです。「大域照明」を使用している場合には必要ありません。初期設定は「0.20」になっているので「0.00」に設定して、もう一度レンダリングを実行します。今度は正しい状態にはなりましたが、「環境光」をなくした分、イメージがまた暗くなってしまいました。それではここで「色補正」機能を使って明るさを調整してみます。

STEP 7

メインメニューの「表示」メニューから「色補正」ウインドウを開きます。「色補正」は明るさやコントラストなどレンダリングイメージのトーン調整をする非常に重要な機能です。Professional版を使用している場合は「色補正」ウインドウ上部の「レンダリング画像に即時反映する」にチェックを入れておきましょう。レンダリングし直すことなくリアルタイムで「イメージウインドウ」の明るさ調整が可能になります。「レンダリング画像に即時反映する」機能は、レンダリング設定で「イメージ」タブのピクセル深度が「128」でレンダリングされたイメージにのみ有効です。忘れず確認しておきましょう。

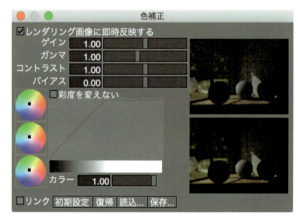

Professional
「レンダリング画像に即時反映する」チェックボックスはProfessional版のみに搭載されている機能です

STEP 8

それでは実際に調整してみます。イメージを確認しながら「ゲイン」は「1.40」、「ガンマ」は「2.20」、「コントラスト」は「1.40」に設定します。Professional版以外のグレードを使っている場合はレンダリングをし直すことで色補正を反映します。「色補正」機能を使えば、光源が強すぎて白とびしまっている場合にも修正が可能です。慣れないうちは「ガンマ」→「コントラスト」→「ゲイン」の順番で調整すると扱いやすいでしょう。

STEP 9

かなりリアルなイメージに近づきましたが、よく見ると粒子状のノイズが目立ちます。「レイトレーシングの画質」を上げて、ノイズを緩和しましょう（「レイトレーシングの画質」に関してはChapter7-8で詳しく解説しています）。

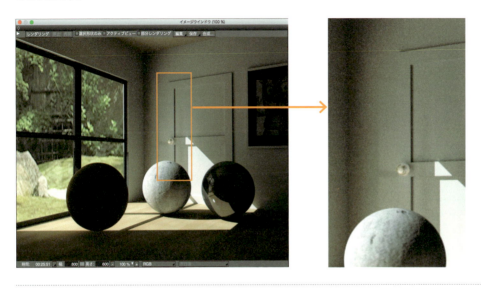

STEP 10

「イメージウインドウ」の「その他」タブを選択します。「レイトレーシングの画質」を「50」から「150」に上げて、再度レンダリングを実行します。これで粒子状のノイズがいくぶんか緩和されました。まだノイズが気になる場合には「レイトレーシングの画質」をさらに上げましょう。

レンダリング時間は3分16秒から25分51秒に伸びました
(iMac 3.3GHz Intel Core i5 メモリ16GB)

ここまで紹介した方法は、最高品位でリアルなレンダリングイメージを作成するための手法です。しかし、ノイズを目立たないぐらいにまで設定を上げようと思うと、非常にレンダリング時間が長くなってしまいます。そこで続いて、「イラディアンスキャッシュ」を使ったレンダリングのステップに移ります。

269

〉〉〉〉〉〉〉〉「イラディアンスキャッシュ」を使った設定

「イラディアンスキャッシュ」をオンにすることで、計算を簡略化してより短い時間でレンダリングイメージを作成することができるようになります。しかし、それと引き換えにイメージのクオリティが若干落ちてしまうかもしれません（イラディアンスキャッシュに関してはChapter7-5の「イラディアンスキャッシュのオンとオフ」で詳しく解説しています）。それでは先ほどの状態から続けて実際に設定してみます。

STEP 1

「イメージウインドウ」のトグルボタンをクリックして、「レンダリング設定」を開きます。「イラディアンスキャッシュ」では粒子状のノイズが発生しにくいので、まずは「その他」タブの「レイトレーシングの画質」は初期設定の「50」に戻します。

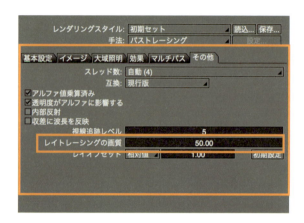

STEP 2

「大域照明」タブで「パストレーシング」が選択されていることを確認して、「イラディアンスキャッシュ」チェックボックスをオンにします。今回は効果がわかりやすいように、いったん「キャッシュの品質」を「0.20」に下げます。また「細部強調」チェックボックスを外した状態にして、レンダリングを開始します。間接光の明るさも「4.00」に上げてみました。

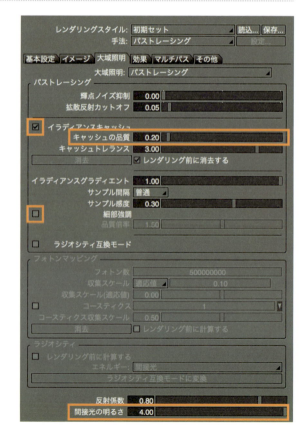

STEP 3

先ほどに比べると、かなり早い時間でレンダリングが終了しました。しかし、シーン全体に斑状のモヤが広がっているのが気になります。

STEP 4

「キャッシュの品質」を「0.20」から「2.50」に戻して、再度レンダリングをします。モヤが解消されました。「キャッシュの品質」を上げることでモヤを目立たなくできることが確認できました。

271

STEP 5

しかしまだ気になる点は残ります。壁の隅やサッシのエッジに煤のような影ができています。「イラディアンスキャッシュ」は間接光を計算するポイントを間引くことで短縮しているので、細部がつぶれてしまいやすいという難点が表れています。

STEP 6

次は「大域照明」タブの「細部強調」のチェックボックスをオンにしてレンダリングし直してみます。チェックをオンにすることで壁の隅や入り組んだ箇所にだけイラディアンスキャッシュの計算精度を上げることができます。全体の品質を上げる必要がなく、結果細部がつぶれやすいといった弱点を短時間で補うことができる便利な機能です（「細部強調」に関しては、Chapter7-5『「細部強調」機能』で詳しく解説しています）。

「イラディアンスキャッシュ」を使ったレンダリング時間は4分44秒でした。「イラディアンスキャッシュ」を使わない方法はレンダリングに26分近い時間がかかっていたので、比較すると、5倍以上速くなったことがわかります（iMac 3.3GHz Intel Core i5 メモリ16GB）。

STEP 7

「細部強調」させたレンダリングがもうひとつ気に入らなかったので、「サンプル間隔」を細かく、そして「サンプル感度」を「1.00」に設定し直してレンダリングしました。壁の隅や扉の影など、細部の陰影がシャープになり、クオリティが向上し引き締まりましたが、レンダリング時間が相当かかってしまいました。一枚絵の画像は常にレンダリング時間とクオリティの戦いです。それらのバランスは経験値からある程度コントロールしていく方法がベストだと言えるでしょう。

きれいな画質を得ようとすると、やはりそれなりに時間がかかります。さらに画質を向上させるには「フォトンマッピング」や「パストレーシング+フォトンマッピング」を使用することになります。球体の反射などもきれいにレンダリングでき、まさにリアルな絵作りになります。結果的には上記のように「サンプル間隔」を細かくし「サンプル感度」を増やす設定よりも速い時間でレンダリングは終了しました。

TIPS

イラディアンスキャッシュの設定は複雑？

イラディアンスキャッシュは設定項目が多いため、最適な設定を見つけるのは一見大変です。しかし実際によく使うのは「キャッシュの品質」、「キャッシュトレランス」、「細部強調」の3つぐらいと覚えておいてよいでしょう。「細部強調」自体は基本的に常時オンにしておいて問題ないので、実質的に触る機能はごくわずかです。基本的な設定手順を紹介します。

①「細部強調」は常にオン

②陰影のディテールが弱い場合は「キャッシュトレランス」を下げる

③全体にモヤのようなノイズが目立たなくなるまで、「キャッシュの品質」を上げる

（壁際など細部にだけモヤが目立つ場合は「品質倍率」を上げる）

④「キャッシュの品質」または「品質倍率」の値をどれだけ上げてもモヤが消えない場合にだけ、「サンプル間隔」と「サンプル感度」を上げる

以上のように覚えておきましょう。

注意：「キャッシュトレランス」を下げた分「キャッシュの品質」を上げなければモヤの原因となります。
時間を優先する場合は、「キャッシュトレランス」はあまり下げずに「キャッシュの品質」を低めに設定します。

Shade3D ver.16 Guidebook

Chapter 8

アニメーション

モデリングやテクスチャー設定をして作り上げた自分のキャラクターが動いている姿を想像したことが必ずあるはずです。この章ではShadeの持つ基本機能の説明と、実際にアニメーションを制作する過程を順を追って解説していきます。難しい設定はともかく、簡単な動作を複合的に組み合わせることだけでも楽しく遊べます。是非挑戦してみましょう。
——text by HAL_

8-1 インターフェイスの操作方法

3Dアニメーションはセルアニメと同じように、シーン内の動きを静止画として1枚ごとに記録し、順を追って表示させていくことに他なりません。セルアニメとの違いは、全ての動きを手作業で記録するのとは違い、シーン中のキーポイントとなる動きを設定し、キーとキーの間の動きを自動的に補完しながら画像生成ができるということです。はじめにアニメーションを制作しやすいように、簡単な流れを考えて手順を頭に入れておきましょう。

Model Data
当記事のShadeデータをWebページで配布しています。詳細は002ページを参照してください

》》》》》》》 アニメーション制作の簡単な流れ

① 企画書の制作

動画の場合は文章だけでなく、絵を使ってキャラクターの設定、シチュエーションの設定、ストーリー、さらには作品の形や意図を明確にして、第三者に伝えるための企画書を制作します。企画書は作品制作の原点です。

② 絵コンテの制作

絵コンテはストーリーに沿ったコマ割りと呼ばれるラフなスケッチのことです。ストーリー展開、背景やキャラクターイメージ、セリフ、内容、状況説明、カメラの動きなどを書き、カットの秒数などを入れた作品制作の設計図を作ります。

③ モデリング

Shadeではモデリングする際、稼働部分に「ジョイント」という動きをコントロールするパートを作っていきます。後からでも仕込むことはできますが、はじめからどのような動きになるかを想定してジョイントに明確な名前を付けておいた方がアニメーション制作では楽な作業ができます。今回作ろうとしているキャラクターは腕や足がないものなのですが、Chapter7のサンプルで使ったロボットでは図のように、モデリングしながら腕の回転パートを制作しています。肩や肘の回転パートを2つずつ仕込みました。

ブラウザの中でダブルクリックすると名称の変更ができます

④ 絵コンテに従ったシーン制作

アニメーションは1台のカメラでキャラクターを追うばかりではなく、複数台のカメラを使って、ストーリーに従ったシーンを表現していきます。光源を考慮したカメラアングルや時間を考慮したシーン作りを確定します。

⑤ 動きを付ける

モデリング時に仕込んだジョイントに、「モーション」ウインドウを使ってキャラクターやカメラ、光源の動きをコントロールするキーを設定します。

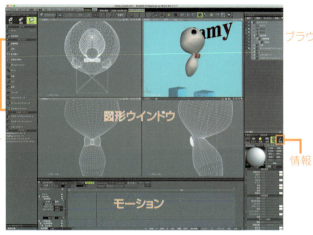

アニメーション設定で必要なウインドウはほぼ5箇所。ジョイントを仕込んでしまえば、ブラウザで動きを付けたいジョイントを選択し、「モーション」や「情報」ウインドウで動きを付け、「図形」ウインドウで確認しながら操作をしていくことになります

⑥ レンダリング

レンダリングは撮影です。ここはShadeに任せるだけの作業です。背景やモデルの動きの全てを1枚絵（フレーム）として、シーンに必要な枚数を書き出していきます。書き出されたファイルは設定された秒数アニメーションファイルとして書き出されます。

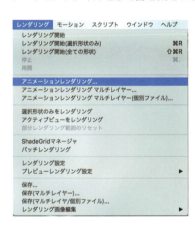

レンダリングは静止画と同じレンダリングウインドウを使用。「レンダリング」メニュー→「アニメーションレンダリング」を選択します

⑦ 編集

書き出されたアニメーションファイル素材を組み合わせ、キャラクターの動き、演技、心情などを考え、カットを入れ替える作業です。最後にセリフや音響などとタイミングが合うようにまとめます。

実際のアニメーションはさらに細かな作業が入ってきますが、この章ではShadeアニメーション制作のための絵作りをサポートする基本機能を解説していきます。

8-2 アニメーション用インターフェイス

Shadeではジョイントというパートを使ってアニメーションを制作すると先述しました。ストーリーのあるシーンを作る前に、基本的なShadeのアニメーション機能である「ジョイント」設定を確認しましょう。

〉〉〉〉〉〉〉〉 アニメーション機能のインターフェイス

① ジョイント

Shadeは「パート」の一種である「ジョイント」を使って「ジョイント」の階層の中にある形状を動かしていきます。ツールボックスの「パート」のアイコンをクリックすると「パート」の下に「ジョイント」という、アニメーションで使う機能がほとんどまとめられています。

② モーション

1シーンの時間を決めると描画枚数が決まります。1シーンに何枚の作画が必要なのかを指定するのが、「表示」メニューにある「モーション」ウインドウです。「モーション」では特定のポーズを付けたり、動きを確認するための時間軸を設定できます。

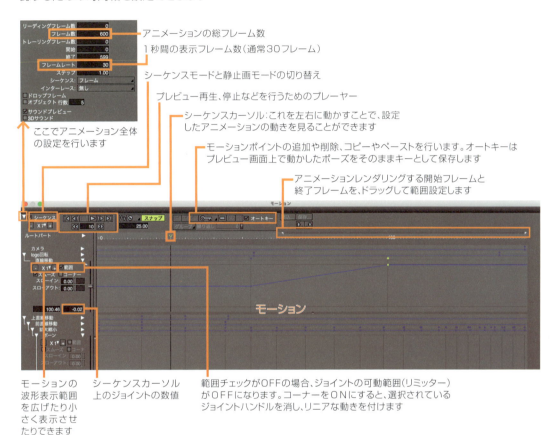

③ 形状情報

「形状情報」ウインドウはモーションと連動して可動域を決めたり、ジョイント属性の設定を使い、数値コントロールできるように作られています。

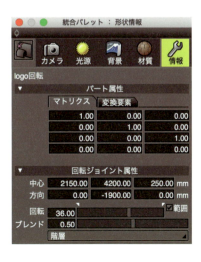

各種ジョイントの使い方

Shadeではこのジョイントを仕込むことによって全てのアニメーションをコントロールします。必要に応じたジョイントさえ仕込んでおけば、キャラクターに思ったような動きを付けたり、レーシングカーを走らせたり、オブジェクトを変形させたり、様々な動きが可能になります。基本的には全て設定方法は同じです。それぞれのジョイントをステップを追いながら使ってみましょう。

●「直線」ジョイント

STEP 1

実際に直線移動ジョイントを使った設定をしてみましょう。これを覚えれば、あとは基本的に同じような操作で使うことができます。まず原点(X=0、Y=0、Z=0)をクリックして、半径200mmの球を作ります。

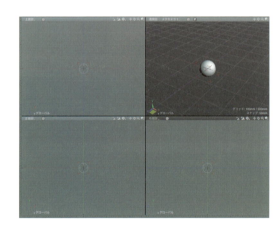

STEP 2

パートを開き「直線移動」ジョイントを選択して、上面図に見える球の中心からZ軸マイナス方向(中心から上方向)に1,000mmドラッグすると、直線上で1,000mm動かす「直線移動」ジョイントが描かれます。ブラウザ内で球を選択し「直線移動」に重ねてジョイントの中に入れます。

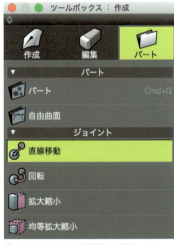

①パートを開き、直線移動を選択

②直線移動に球を重ねると、ジョイントの下層に入ります

STEP 3

モーションウインドウを開き、左上のトグルボタンをクリックしてフレーム数（ここでは300）を決めます。その他はデフォルトの設定そのままでよいでしょう。フレームレートが「30」なので、10秒間のアニメーションが作れます。

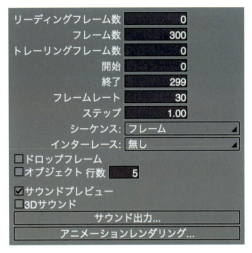

STEP 4

これで設定は完成したので、あとは動かすだけです。モーションウインドウで「直線移動」が選択されていることを確認し、スライダを上に止まる所まで動かしてみましょう。作った球は上面図で上方向に動き、「直線移動」ジョイントの端で止まります。逆にスライダを下に向かって動かすと、球は「直線移動」ジョイントの無い反対方向に同じ距離だけ動いていきます。このように「直線移動」ジョイントは描いた線より多く動きます。

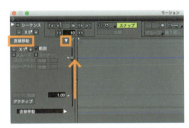

スライダが非表示の場合は「直線移動」の右にある▲をクリックするとスライダが表示されます

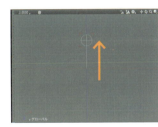

上面図で上方向に移動

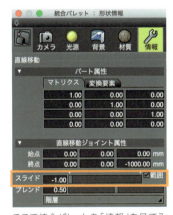

ここで統合パレットの「情報」を見てみると、「直線ジョイント属性」のスライドの数値も「-1.00」になっています。これはモーションウインドウの数値と連動しているからです。逆に情報ウインドウでスライドを動かすと、モーションウインドウのスライダが動くことがわかるはずです

スライダを下方向に向かって動かすと、球は上面図で下方向に移動

●「回転」ジョイント

STEP 1

「回転ジョイント」はオブジェクトを回転させるための中心軸を作ります。回転させる円の向きは「回転ジョイント」を描く方向と交差した面になります。まずは先ほどと同じように、原点（X＝0、Y＝0、Z＝0）をクリックして、半径200mmの球を作ります。「拡散反射」で適当な色を設定しました。

STEP 2

パートの「回転ジョイント」を選択し、正面図上で球中心の右側500mmから下方向にドラッグし、ブラウザ内で球を「回転」の中に入れます。

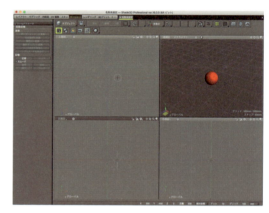

STEP 3

モーションウインドウを開き「回転」が選択されていることを確認してスライダを上に動かします。プレビュー画面で球が右回りに回転することが確認できます。下方向に動かすと左回りになります。「回転」ジョイントを作る時にドラッグする方向を変える（先ほどは下方向にドラッグ）と逆回りになります。

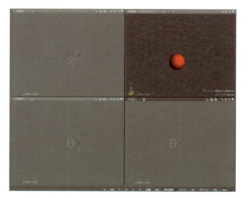

スライダを上に動かすと球が右回りします

STEP 4

このままでは手動でスライドを操作しているだけでアニメーションにはなっていません。自動的に回転させるためには「キーフレーム」を作らなくてはなりません。「キーフレーム」は「オートキー」にチェックが入っていれば、シーケンスカーソルの位置でオブジェクト位置を変更するだけで自動的にキーが作られていきます。手動でも「+」を押してキーを作ることが可能です。

オブジェクトの位置を動かしたくない場合は「+」ボタンを押してキーを作ります。「−」ボタンで選択したキーを削除できます。通常は「オートキー」にチェックを入れておくとよいでしょう

「0」フレームにキーを作り、シーケンスカーソルを「50」フレームに移動させてもう1つキーを作ってみました。この状態でカーソルを「0」フレームに戻し再生ボタンを押すとカーソルが動き、プレビュー画面上では球が回転をはじめ「50」フレームの位置で止まります

STEP 5

この状態でスライダを上下に動かすと、球は360度回転しますが、それ以上は回転できません。ここで、さらに回転数を増やしてみましょう。「0」フレームのキーを「180」、「50」フレームのキーは「-180」にします。両方のキーをドラッグして選択すると、「繰り返し」に数値が入力できるようになります。もし、色々いじってしまって「繰り返し」に入力ができないような場合は、全て削除して作り直した方が早いと思います。

作成したキーフレームを選択すると、「繰り返し」に数値が入力できるようになります

「繰り返し」に「10」を設定すると、選択したキーポイントが10回繰り返して登録されました

この状態で再生ボタンを押すと180度の位置から-180度の位置までの回転を繰り返しますが、キーの位置で球が遅くなり、回転速度が微妙に変化してしまいます。これはモーションを示す青色の線にハンドルが付き、なだらかな速度変化が付いているためです。そこで左側にある「コーナー」にチェックを入れ、キーのハンドルを全て取り除きます。

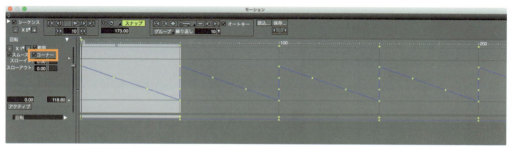

「コーナー」にチェックを入れると、モーションがリニア（直線的変化）に変更されます

STEP 6

回転速度は一定になりましたが、繰り返しの部分で球の回転に少しギャップがあると思います。そこで、別の方法でくるくる回転させることにします。初期設定でモーションウインドウは範囲指定されていて、360度の回転しかできない状態になっています。ここでスライダの左にある範囲指定のマークを広げてみましょう。これで回転数が増やせるようになります。回転数を増やしたら、フレーム数も増やして回転速度を調整しましょう。

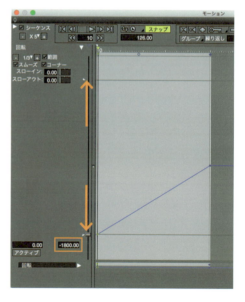

●「拡大縮小」ジョイント＆「均等拡大縮小」ジョイント

STEP 1

「拡大縮小」ジョイントはオブジェクトを一方向に拡大縮小させるジョイントです。「均等拡大縮小」ジョイントは縦・横・高さの比率を変えずに拡大縮小させます。ここでは「拡大縮小」ジョイントの動きを確認してみましょう。「拡大縮小」ジョイントの場合は、四面図上で描く時の方向が重要です。ＸＹＺ軸上でも、斜め方向でも、描く方向によって自由にオブジェクトの大きさが変更できます。まず今までと同様に半径200mmの球を作り、「拡大縮小」ジョイントを玉の中心からＹ軸上にドラッグして描きます。描きはじめのポイントが、拡大縮小の原点となります。もし、テーブルの上に置いたオブジェクトを上に伸ばしたい場合は、テーブルとの接地面から上に描くことになります。ブラウザで「球」を「拡大縮小」の中に入れます。

ブラウザで「球」を「拡大縮小」の中に入れる

STEP 2

モーションウインドウを開き、スライダを動かしてみましょう。今回は球の中心から上下方向に伸び縮みするジョイントになりました。「拡大縮小」ジョイントは一番小さい値が「０」です。シーケンスモードから静止画モードにして、ジョイントの位置や角度を変えてみましょう。

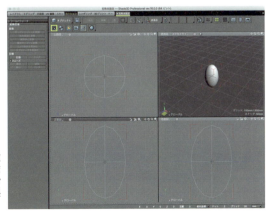

「拡大縮小」ジョイントは一番小さな値が「０」で、それ以下の数値は入力できても形状に変化はありません。拡大方向は「２」までですが、さらに大きくすることも可能です。「拡大縮小」ジョイントは描く時の方向を考えるのは大切ですが、描く長さは無関係です

●「ボール」ジョイント

STEP 1

「ボール」ジョイントは全方向に回転させることができます。この"全方向に回転"というのはとても便利で、キャラクターやロボットの関節にもってこいです。原点(X=0、Y=0、Z=0)に半径200mmの球を作ったら、「パート」の「ボールジョイント」を選択し、作った球の下側をクリックしてボールジョイントを設置します。

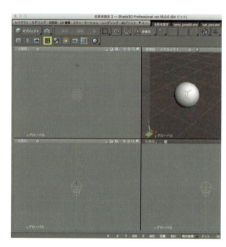

STEP 2

ブラウザで「ルートパート」ごと選択し、「ツール」メニュー→「繰り返し」を使って、積み重なるように5つ複製を作ります。

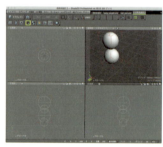

①パート全体をドラッグして、球体同士が接触するように複製します

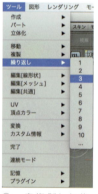

②一度複製した後、「ツール」メニューの「繰り返し」で「3」を設定します

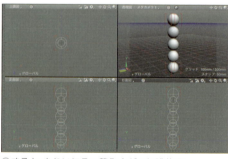

③すると、きれいに5つ積み上がった球体の列ができます

STEP 3

ブラウザの中で「ボール」ジョイントが入れ子の状態になるように組み立てます。順番を間違えると上手く連動したような回転ができないので、ジョイントと球それぞれに連番（今回は1～5）を付けておくとよいでしょう。これで準備は完了です。

STEP 4

「ボール」ジョイントは全方位に動くので、モーションウインドウでは動かすことができません。統合パレットの「情報」を開き、「オイラー角」タブの「X」「Y」「Z」それぞれの値を、透視図でプレビューしながら動かすとよいでしょう。モーションウインドウではオートキーのチェックを忘れずにしておきます。はじめに「0」フレームを少し動かしてから一度戻すと、「0」フレームの全ての回転角に0のキーができます。次に動かしたいフレームにシーケンスを移し、「オイラー角」タブで設定します。内側のボールジョイントから設定すると、全体の動きがつかみやすいと思います。X軸の設定だけでもくねくね動くボールができます。

情報ウインドウの「オイラー角」タブで数値を設定

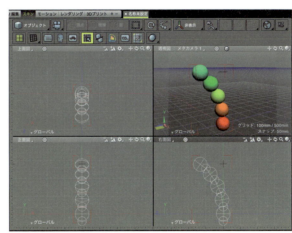

X軸を設定してみました

作ったキーは、鍵マークのボタンを押すとシーケンスのあるキー情報をコピーして、シーケンスを移動させたい場所にペーストすることもできます

💡 TIPS

「ボール」ジョイントを使って関節のような表現

ジョイントは、ポリゴンメッシュの頂点に対してバインド（関連付け）させると、腕や指のような関節の表現をすることができます。今回は「ボール」ジョイントを使って、これを表現してみます。

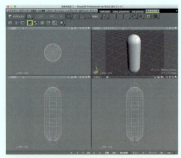
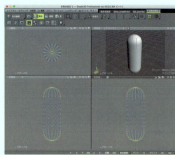
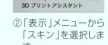

①カプセル状のポリゴンメッシュを作り、「頂点編集」モードにして全ての頂点を選択します

②「表示」メニューから「スキン」を選択します

③「スキン」ウインドウが表示されるので、スキンタイプを選択します

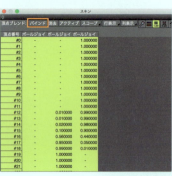
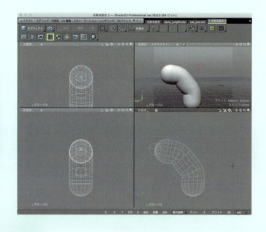

④「バインド」をクリックすると、各頂点に対してボールジョイントが機能する割合を自動的に設定します

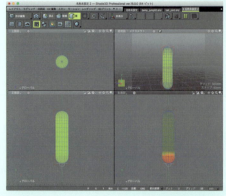

⑤「情報」ウインドウの「オイラー角」タブでXYZ軸を動かすと、「ボール」ジョイントを中心にポリゴンが変形します。ポリゴンの変形する割合は、「ウエイトペイント」ツールで、ブラシを使って編集することも可能です

● 「ボーン」ジョイント

「ボーン」ジョイントは、「ボール」ジョイントのように全方向に回転させることができるジョイントです。ドラッグして描画し、続けて複数のボーンを作ることができます。「ボール」ジョイントと同様、「スキン」を使いポリゴンメッシュの頂点にバインドさせて使用しますが、「ボール」ジョイントと違うのは、可動領域を制限して不用意な角度の曲がりを無くすことができるという点です。また「ボーン」ジョイントは、ＦＢＸ形式へのエクスポートなどで、他のアプリケーションとのデータ互換を行いやすいという利点もあります。操作の詳細は、「8-3 ジョイントを組み合せたアニメーション」の項目で後述します。

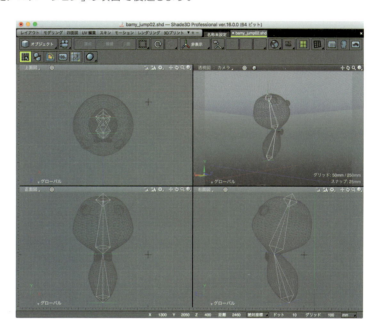

● 「光源」ジョイント

「光源」ジョイントは時間軸に従った光量を調整します。点滅する光や特定のシーンを暗くしたり明るくしたりできます。これについても詳細は、「8-3 ジョイントを組み合せたアニメーション」の項目で後述します。

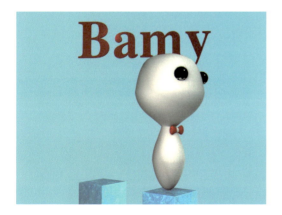
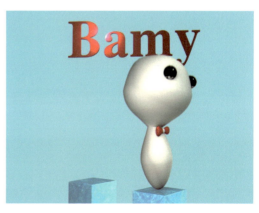

289

●「パス」ジョイント

STEP 1

「パス」ジョイントは、滑らかな「閉じた線形状」や「開いた線形状」などのパスに沿ってオブジェクトを動かすためのジョイントです。これを使ってカメラを動かせば、ウォークスルーアニメーションが簡単に作れます。試してみましょう。まず原点（X＝0、Y＝0、Z＝0）をクリックして、半径200mmの球を作ります。パートの「パスジョイント」をクリックすると、ブラウザの中に「パス」ジョイントができます。「パス」ジョイントは今までのジョイントとは違い、四面図の中でドラッグすることはありません。その代わりにツールボックスの「作成」→「一般」からパスを球の軌跡として別に描画します。

STEP 2

「開いた線形状」でパスを描画し、ブラウザで図のように「パス」ジョイントの上に配置します。「球」はパスの中に入れます。あとは他のジョイントと同様にキーフレームを作り、移動するタイムラインを作成します。

●「変形」ジョイント

「変形」ジョイントは、ポイントやラインの方向が同じオブジェクト同士を徐々に変形させる動きを付けることができます。中間の形を補完してくれるので、アニメーションに面白い変化を付けることが可能です。

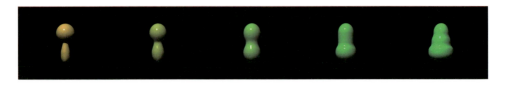

●「スイッチ」ジョイント

「スイッチ」ジョイントは複数の異なった形状を切り替えます。「変形」とは違い、同じポイントやラインは必要ありませんが、中間の形状生成もありません。

● パスリプリケータ

STEP 1

「パスリプリケータ」はStandard版とProfessional版のみに搭載されている機能です

「パスリプリケータ」はひとつのオブジェクトをパスに沿って複数配置してくれます。配置されるオブジェクトはランダムに変化させることも可能です。配置させたいオブジェクトとパスを描画して「パスリプリケータ」をクリックし、オブジェクトをリプリケータに入れてパスの下に配置します。四面図を見ると、オブジェクトがパスに沿って配置されていることがわかります。

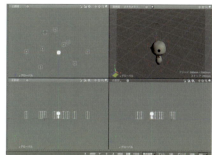

STEP 2

統合パレットの情報を見ると、複製する数やパスからの移動距離、XYZ軸を使った回転、拡大縮小をコントロールできることがわかります。感覚的に数値を動かしてみましょう。また、複製されたオブジェクトは、「ツールパラメータ」ウインドウ→「リプリケータを実体化」を適用し、個別のオブジェクトとして生成することも可能です。

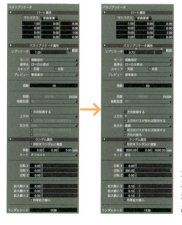

オブジェクトを複製させる数や回転、サイズなどをランダムに生成させることが可能

リプリケータで作成したオブジェクトは、シンボルとも呼べる実体のないものですが、「ツールパラメータ」ウインドウの「リプリケータを実体化」で完全な複製を生成することもできます

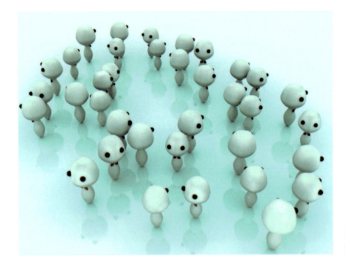

「パスリプリケータ」を使って複製したキャラクターをレンダリングした例。キャラクターの向く方向と大きさをランダムに設定しました

● サーフェスリプリケータ

「サーフェスリプリケータ」は「パスリプリケータ」を拡大したもので、3D空間上にある面に対し、設定した数の複製を生成してくれます。ブラウザで「サーフェスリプリケータ」ジョイントの中に複製させたいオブジェクトを配置し、配置させたい対象となるオブジェクトを上に配置します。ブラウザ内の配置方法は「パス」ジョイントなどと同様です。配置したら「サーフェスリプリケータ」を選択し、統合パレットの「情報」を見ると、様々な属性のコントロールができます。

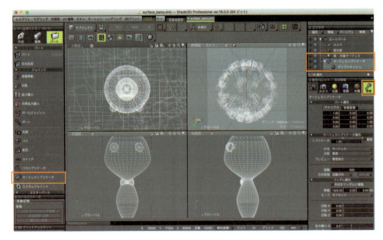

「サーフェスリプリケータ」はStandard版とProfessional版のみに搭載されている機能です

「サーフェスリプリケータ」の設定

サンプルとして、500個のキャラクターを球体の上に配置し、サイズと向きをランダムに設定。モーションウインドウを使い、「0.00」から0.20刻みで「1.00」までの画像をレンダリングさせてみました

8-3 ジョイントを組み合せたアニメーション

ここでは前項で覚えたジョイントを使って具体的にアニメーションを組み立ててみましょう。それぞれのジョイント機能は単純です。しかし、単純な動きを組み合わせることで、とても複雑に見えるアニメーションを作ることができます。

〉〉〉〉〉〉〉〉 キャラクターアニメーションの作成

STEP 1

今回のモデリングは、ポリゴンメッシュ単体で仕上げています。球体を変形させ、キャラクターのボディを作り、目と蝶ネクタイはブーリアンを使って結合させて、シンプルで可愛らしいキャラクターを作り上げました。このキャラクターをどう動かしていくか、アニメーションの動作を考えることからスタートします。足を使わずにジャンプしながら動くキャラクターに、柔らかい動きを付け、愛らしい感じにしたいと思います。ついでにキャラクター名「Bamy」のネームをキャラクターの上に表示させ、少しだけ動かして光源を変化させることで光らせてみることにします。

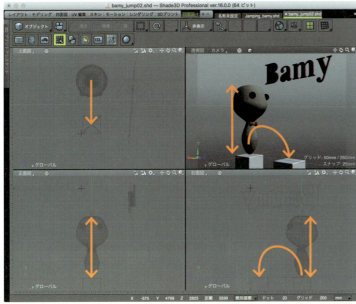

完成図です。ポリゴンメッシュ「Bamy」をジャンプさせることを想定しているので、直方体を2つ作り、その間をジャンプさせることにします。柔らかな動きは身体の伸縮により表現し、ボーンを入れてくねらせます

使うジョイントは「拡大縮小」「直線移動」と「ボーン」を3つ、それぞれにわかりやすい名前を付けています

STEP 2

キャラクターにボーンを入れていきます。全体の動きの基本は、前進(=X軸方向)とジャンプ(=Y軸方向)だけです。また、カメラを左斜め前に設置するので、ムービーの中では左奥から右手前に移動するアニメーションになります。そこでBamyを右側から見ながら作業できるように、左面図を中心にプレビューして作業します。キャラクターは原点に作っているのでカーソルが原点にあることを確認してから、原点から首に向かうY軸上にボーンを入れます。2つ目のボーンは頭部をクリックすると描かれます。ボーンは自動的に終点にも追加されます。

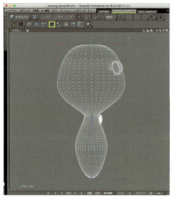
キャラクターの下部、原点から上に向かってボーンを描画

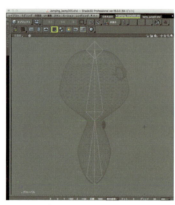
2つ目のボーンは頭部をクリックするだけで生成されます

ブラウザで、3つのボーンになっていることを確認します

STEP 3

ボーンを有効にするため、全ての頂点にボーンをバインドします。これによってキャラクターのポリゴンがボーンに追従して動くようになります。「形状編集」モードでキャラクターを選択し、「頂点編集」モードに切り替えます。ブルーの線で描画されているポリゴンを取り囲むようにカーソルをドラッグし、ポリゴンのポイントを全て選択します。「隠線消去」にしておくと、裏側の頂点が選択されないので注意して下さい。

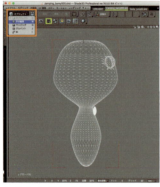
左上のオブジェクトタブをクリックし、「形状編集」モードにしてキャラクターを選択します

「頂点編集」モードに切り替え、キャラクターを取り囲むようにドラッグして全てのポイントを選択します

STEP 4

「表示」メニューから「スキン」を開き「頂点ブレンド」でバインドします。「バインド」ボタンを押すとボーンの影響を自動的にキャラクターを構成するポリゴンの頂点に設定してくれます。このキャラクターのように首の部分だけ曲げるにはこのままで十分です。五本指のように近くに影響したくない指が存在する場合は、「ウエイトペイント」ツールを使って影響範囲を描画することも可能です。「ウエイトペイント」ツールを使う場合は「頂点」編集ではなく「面」編集を選択します。

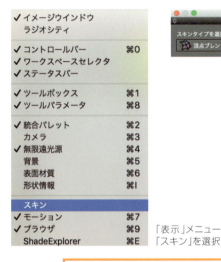

「スキンタイプ」は「頂点ブレンド」を選択

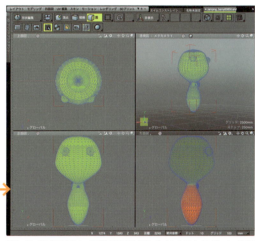

「表示」メニューから「スキン」を選択

「バインド」を押すと、自動的に近くのポイントごとにボーンの影響力を調整してくれます

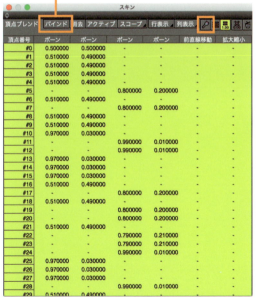

「ウエイトペイント」ツールを使うと、選択したボーンの影響をペイントしながら調整できます

今回はプレビューで確認したところ、「ウエイトペイント」ツールで調整しなくてもとてもきれいに動いているのでこのまま使用することにしました

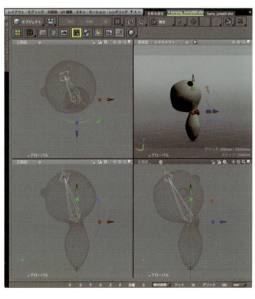

STEP 5

Bamyがジャンプする時、前行動で身体を縮ませ、伸び上がってジャンプしたように見える動作を「拡大縮小ジョイント」で作り、前に進む行動と上に跳び上がる動きを「直線ジョイント」2つで作ります。この2つのジョイントは、四面図の中で方向を考えて線を描くだけです。3つのジョイントはブラウザの中で入れ子状態に配置します。これで準備ができました。

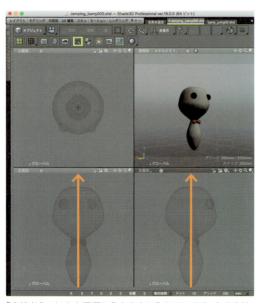

「直線」ジョイントを足下から上方向に入れています。大きさは、見やすいように頭の上に突き出る長さを設定しました

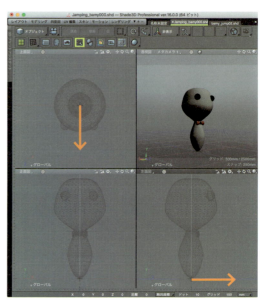

前に移動するための「直線」ジョイントは、Bamyの接地部分から前方に向かって作っています

「ブラウザ」では上方向移動の「直線」ジョイント→前方向移動の「直線」ジョイント→キャラクター伸縮用の「拡大縮小」ジョイント→「ボーン」の順で配置しています。ジョイントの名前は、自分でわかりやすいものに付け替えましょう。キャラクターの動き自体は、このジョイントパートの組み合わせの内側から作っていくと楽になります

STEP 6

準備が整ったので、いよいよBamyを動かします。はじめはジョイントの一番内側にある「拡大縮小」を使い、身体の伸び縮みの設定をします。人がジャンプする時の映像などを見てタイミングをつかむとよいのですが、ここでは直感的な作業をしていきます。はじめにフレーム数を決めます。ジャンプして降りるだけなので、最後に遊びを入れるとしても3～4秒ほどでしょう。取りあえず「100」フレーム設定しました。

フレーム数の設定

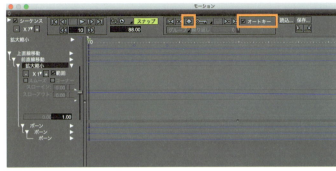

「オートキー」にチェックを入れておく

ここからは情報ウインドウとモーションウインドウの両方を使って動きを付けていきます。四面図の中には具体的に地面を蹴る姿を確認したかったので、スタート地点と着地点に直方体のブロックを配置しました。

オートキーのチェックを確認して「拡大縮小」を選択します。シーケンス0地点で[+]ボタンを押し、キーを作っておきます。次にBamyがぐっと身を縮める姿を想像して「15」フレーム（0.5秒）にキーを作り、プレビューしながらスケールを調整します。

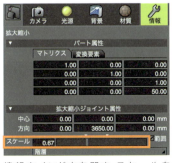

情報ウインドウを開き、スケールを「0.67」に設定しました

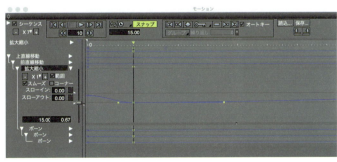

モーションウインドウの中でも、「拡大縮小」のキーポイントの値が動いていることが確認できます

297

Shade3D ver.16 Guidebook

縮まったBamyの姿。動きの中のワンカットなので、あまり可愛らしさはなくてもよいです

次に伸び上がった頂点のタイミングにシーケンスカーソルを動かし、「情報」のスケールで「1.10」を設定。さらに縮むタイミングで「0.67」…というように伸縮のタイミングを計り、時々プレイヤーで確認しながら100フレームまで設定していきます。

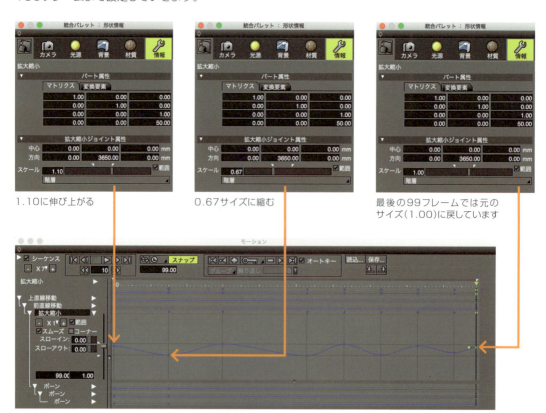

1.10に伸び上がる　　0.67サイズに縮む　　最後の99フレームでは元のサイズ（1.00）に戻しています

「情報」のスケールとシーケンスカーソルの位置を調整しながら、波打つようなグラフを作っていきます。オートキーにチェックがあるので、スケールを変えた瞬間キーポイントが打たれます

全てキーを打ち終わったら動作を確認します。気に入らないタイミングがあればキーフレームの位置は左右にドラッグすることで変更可能です。

STEP 7

次に、前に進む設定をしていきます。Bamyが縮んだ所から飛び上がり、着地するタイミングなので、伸び縮みのキーと同じフレームにキーを作ります。プレイヤーで動かしてみると、最終地点が空中で止まってしまいました。これははじめに作ったジョイントの長さが短かったためです。

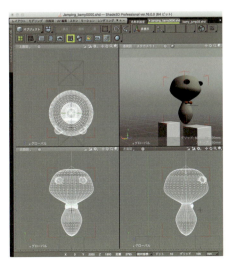

必ず「図形」ウインドウを確認しながら作業します。これは前のブロックに乗ることができず、宙に浮いている状態です。「直線」ジョイントを引き直してもよいですが、ここでは別の方法で解決します

STEP 8

空中で止まってしまうのを解消するために、移動距離を伸ばすことにします。「形状情報」ウインドウの「スライド」の最大値を「1.00」から「1.50」に上げてみます。するとBamyは前方のブロックの上にちょうど乗ってきました。

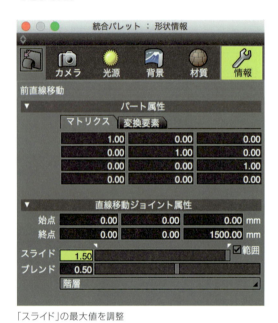

「スライド」の最大値を調整

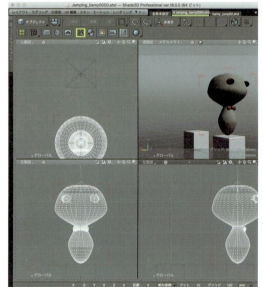

きちんと着地しました

STEP 9

上に飛び上がるのも前進と同じ要領です。着地させるので、着地点はフレーム0と同じ値を入れるようにします。プレビューで確認すると面白いようにジャンプする姿を目にするでしょう。

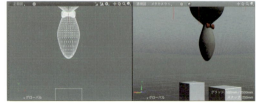

Bamyが一番上に飛び上がった時のプレビュー画面

STEP 10

ここまでの設定でキャラクターアニメーションらしくできましたが、さらにリアルに見えるように工夫してみましょう。「ボーン」を使った身体の屈伸です。「ボーン」は完全に「形状情報」ウインドウを使った作業になります。モーションウインドウの左に表示されている「ボーン」を選択し、「形状情報」ウインドウの「オイラー角」タブを調整していきます。プレビューを見ながら作業できるので、それぞれのタイミングに合わせて調整します。ここでは「Y」の値のみ変化させています。

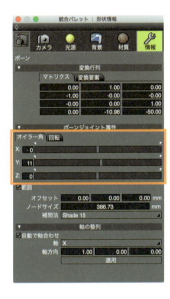

ボーンは自由な角度で曲げることができますが、範囲指定も可能。それには「オイラー角」それぞれのスライダの上にあるマークを移動させます。これによって人型キャラクターの腕があり得ない角度に曲がることを防げます

自由な角度で曲げられるボーンはスライダでは表現できないので、モーションウインドウの中ではキーフレームのみにポイントができます

STEP 11

Bamyの上にロゴを表示させ、ジャンプと共に動かし、途中で光を当てて光らせようと思います。ロゴも動くので、光源も「減衰」だけではなく、ロゴと一緒に動くように作ってみます。はじめにロゴテキストを頭上に置き、光らせたい場所に点光源を置きます。点光源は「光源」ジョイントの中に入れておきます。「回転」ジョイントに「直線移動」ジョイントを入れ、下の階層にロゴと光源を入れます。あとは他のジョイント同様、モーションウインドウでコントロールします。

四面図に配置したロゴとジョイントです。ロゴの位置はZ軸状に動かす「直線」ジョイント、回転はY軸で動かしたいので正面図で作っています。光源は「回転」ジョイントの近くに置いてあります

ブラウザに図のように配置して、光源とロゴを同時に動かします

「光源」ジョイントはモーションウインドウでコントロールできます

光源が光り始める前の位置

光の減衰はモーションの中でキーポイントを作り、ジョイントの数値をコントロールすれば、自由な明るさにできます

シーンの中で光源を一番光らせたいポイントにキーを作り、ジョイントの数値を高くしています。その後、光は再び弱くなります。アニメーションスタート時には光はありません
①スタート時は最小の光量 ②光り始める前にキーを置く事が重要 ③一番光らせたいポイントにもキーポイントを作る ④再び光が落ちるポイントにもキーをおく

 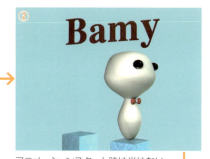

光り始める直前にキーを打つ　　　　アニメーションスタート時は光はない

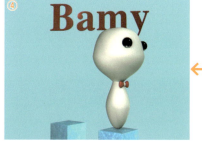 

最後は光は弱くなる　　　　　　　　光が一番強くなるポイント

ウォークスルーアニメーション

STEP 1

「ウォークスルーアニメーション」は建物の周囲や部屋の中、あるいは宇宙空間などをカメラを動かして見て回るようなアニメーションで、映像制作には欠かせない動きです。ここでは前項で「サーフェスリプリケータ」を使って制作したキャラクターBamyの「群像のある惑星」をカメラでぐるっと回しながら、ジャンプする姿を見ようと思います。「サーフェスリプリケータ」はひとつのオブジェクトを複製表示させているだけで実態はありません。レンダリングしてみるとかなり重なっているBamyがいるので、「ツールパラメータ」ウインドウの「リプリケータを実体化」をクリックし、複数のポリゴンメッシュのBamyを実体化して調整します。

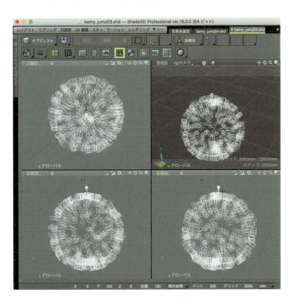

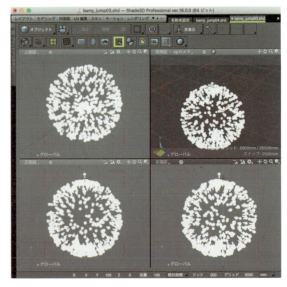

STEP 2

実体化したBamyはかなり重なって存在していることがわかります。そこでひとつずつ選択し、重なっているBamyは削除して整理します。500体のBamyから重なりを見つけるのは少し手間取りますが、「隠線消去」表示にするとわかりやすいです。ブラウザを使って「矢印キー」で追っていくとよいでしょう。重なりを見つけたら直ぐ消去して、「保存」もしておきます。

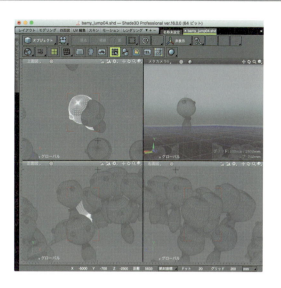

STEP 3

メインにいるBamyの少し下側に取り囲むように円を作り、「パス」ジョイントの軌跡に使います。中心のBamyを見続けるためにプラグインの「エイムコンストレインツ ターゲット」を指定します。「エイムコンストレインツ ターゲット」と設定方法については308ページのTIPSで詳しく解説していますが、簡単に説明すると、常にターゲットの方向に追従するように設定できる機能です。

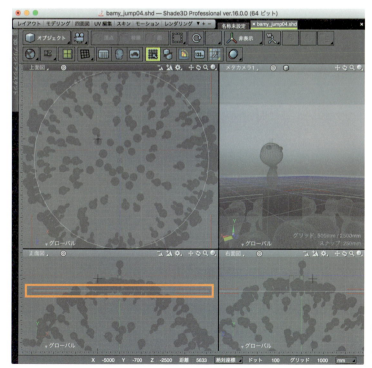

Standard　Professional

「エイムコンストレインツ ターゲット」は「Professional」と「Standard」のみ搭載の機能です

カメラは少し下から見上げるような角度で設定するので、パスは下に作りました。カメラを切り替えて確認するとよいでしょう

ブラウザの「カメラ移動」の設定は、「パス」ジョイントの「カメラパス」の中に「ボールジョイント」、その中に「カメラ」を入れています。「ボール」ジョイントを選択し、プラグインの「エイムコンストレインツ ターゲット」を使って作成した「ターゲット:エイムコンストレインツ」は、Bamyポリゴンメッシュと共に置き、Bamyが動いても追従するようにしてあります。

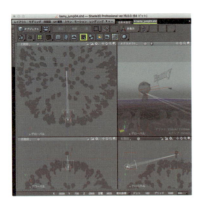 

全体の時間が少し短かったので、キーフレームを全て選択してから、「鍵」マークボタンから「タイムストレッチ」を選択し、「300%」に変更しました。

Shadeは実際の太陽をシミュレーションできるので、元旦の朝8時過ぎから20分間を設定してアニメーションに適用しました。「フィジカルスカイ」を使うと、背景の描画もしてくれます（「フィジカルスカイ」はStandard版とProfessional版のみに搭載されている機能です）。

307

TIPS

エイムコンストレインツ ターゲット

エイムコンストレインツ ターゲットは「移動」ジョイントや「回転」ジョイント、「ボール」ジョイントと組み合わせて使用すると、配置したオブジェクトを常に設定したターゲットの向きに合わせることができます。ここでは「ボール」ジョイントにカメラを仕込み、ターゲットの球に自動的に向きを合わせる方法を紹介します。まず、Z軸上に球とカメラを直線的に配置して、カメラの位置のボールジョイントを作り、ブラウザの中でボールジョイントにカメラを入れます。

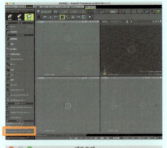

ブラウザで「ボール」ジョイントを選択し、ツールボックスの「パート」タブの「プラグイン」グループから「エイムコンストレインツ ターゲット」をクリック。球の位置でドラッグするとターゲットが作られます。作られたターゲットにブラウザで球を挿入します。設定はこれだけです。「IKエンドを形状化する」のチェックは外したまま「OK」を押しましょう。

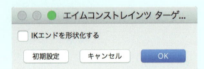

ターゲットごと四面図の中で動かすと、カメラは球の動きに付いて向きを変えます。ターゲットに「パス」ジョイントや複合的に組んだ「直線」ジョイントを使い複雑に動かしても、カメラが常に球を見続けるアニメーションを作ることができます。

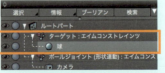

Shade3D ver.16 Guidebook

Chapter 9
2D CADデータ との連携

Shade3D ver.16になって強化されたスナップなどのCADに対応した機能により、CADとShadeの利点を生かした連携がスムーズにできるようになりました。2D CADデータのDXFファイルの利用が、建築やインテリアのパース作成の省力化につながります。この章では2D CADデータの図面を利用して、Shade上で建築パースを作り上げていく流れを解説していきます。────Text by 河村容治

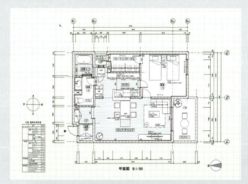

9-1 CAD側の準備

2DCADデータをそのままDXFに変換してShadeにインポートすると、膨大な数の形状が現れ、図形の整理が簡単にできません。そこであらかじめCAD側で準備をしてからDXFに変換するとShade側での扱いが非常に楽になります。

Model Data
当章の記事で扱うサンプルデータをWebページで配布しています。詳細は002ページを参照してください

〉〉〉〉〉〉〉 CADのDXFファイルをShadeにインポートしてみる

ここではまず、CADのデータをそのままDXFに変換して、Shadeに読み込むとどうなるか実験してみます。CAD上でいろいろなツールを使って図形を作成し、DXF形式でエクスポートし、Shadeで読み込みます。図版左側がCADのデータの種類、右側がCADデータを読み込んだShade上での形状の種類です。結果、直線や四角形、円はそのまま読み込めますが、曲線は消えるか、あるいは変形してしまっています。

CAD側で曲線を多角形に変換してからエクスポートすると、Shade上で形状が崩れず、そのまま読み込まれました。ただし、単体の形状でなく、開いた線形状の集合となります。また形状ごとのパート分けはされないので、必要な場合はCAD上であらかじめレイヤーを分けておく必要があります。多角形への変換方法は次の項目で解説します。

Shadeにインポートされた結果

〉〉〉〉〉〉〉〉 読み込むデータをCAD上で整理する

STEP

図のような2D CADデータをShadeに読み込むための準備をします。CADはVectorworksを使用しています。

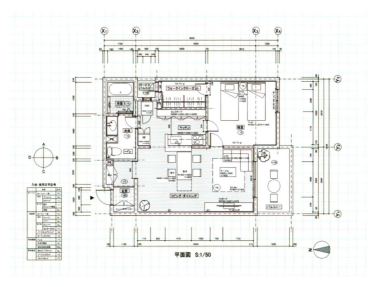

インポートする住宅の平面図
（Vectorworks）

まず、CAD上の座標がそのままShade上での座標になるので、Shadeで作業しやすい位置に座標の原点を移動しておきます。「ユーザー原点指定ボタン」をクリックし、表示されたダイアログボックスで「はい」をクリックします。

ユーザー原点指定ボタン

STEP 2

画面上に十字カーソルが現れるので、原点にしたい位置をクリックします。

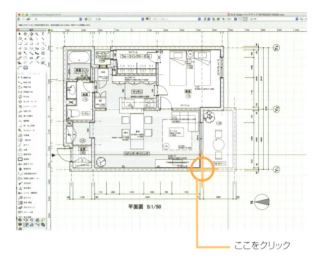

ここをクリック

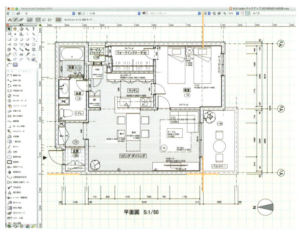

原点が移動した結果

STEP 3

Shadeで読み込むにあたり、不要なレイヤーは非表示にします。またモデリングに不要と思われる形状はこの段階で消去しておきましょう。

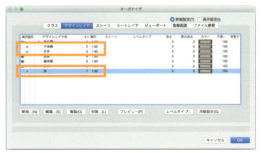

「オーガナイザー」ダイアログボックスで不要レイヤを非表示にする

STEP 4

次に、Shadeに読み込める図形に各要素を変換していきます。先ほどの実験で、直線はShadeで読み込めることがわかっているので、曲線を多角形に変換していきます。変換したい部分を選択したら、「加工」メニュー→「変換」→「多角形に変換」を選択します。

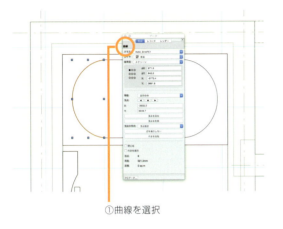

①曲線を選択

②多角形に変換したい要素を選択して「多角形に変換」を適用

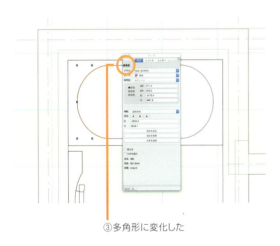

③多角形に変化した

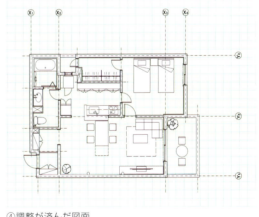

④調整が済んだ図面

9-2 CADからのエクスポート

作成した図面をDXF形式でエクスポートする方法を解説します。Vectorworksの場合と、AutoCADの場合を見てみましょう。

〉〉〉〉〉〉〉〉 Vectorworksからのエクスポート

「ファイル」メニューの「取り出す」→「DXF/DWG取り出し」を選択します。「DXF/DWG取り出し」ダイアログボックスが開くので、「ファイル形式」や「クラス/レイヤ変換」項目を設定して「OK」ボタンを押します。今回は「DXF/DWGの画層として:レイヤを取り出す」「非表示のクラスを:取り出さない」を選択しています。

「取り出し」の詳細設定

AutoCADからのエクスポート

STEP 1

「形式」メニュー→「画層管理」を選択して、「画層プロパティ管理」ウインドウを表示し、不要なレイヤを非表示にします。

STEP 2

「ファイル」メニューから「名前を付けて保存」を選択し、表示されたダイアログボックスの「ツール」をクリックして「オプション」を選択します。

STEP 3

表示された「名前をつけて保存オプション」ダイアログボックスの「DXF オプション」タブで「オブジェクトを選択」にチェックを入れ、「OK」をクリックします。

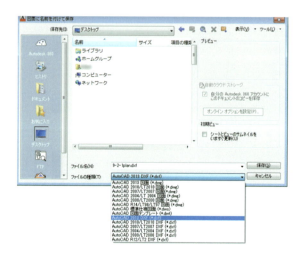

次に、任意のファイル名を入力し、「ファイルの種類」から「dxf」を選び、「保存」をクリックします。

STEP 4

AutoCADの画面上で、必要な図形を選択し、キーボードのEnterキーを押します。これでDXF形式で図面が保存できます。Shadeで読み込む時には、レイヤーごとにパート分けされてインポートされます。

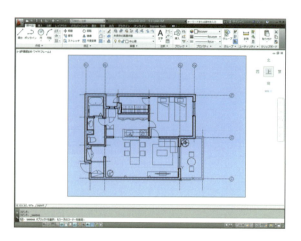

9-3 Shadeへのインポート

DXF形式でエクスポートした図面データをShade上に読み込んでみましょう。先述した通り、レイヤーごとにパート分けされてインポートされることを確認します。

》》》》》》》 DXFファイルをShadeで読み込む

STEP 1

Shadeを起動したら、「ファイル」メニューから「インポート」→「DXF」を選択します。

STEP 2

「インポート」ダイアログボックスが開くので、設定を確認して「OK」をクリックします。すると、Shade上に図面データが読み込まれます。

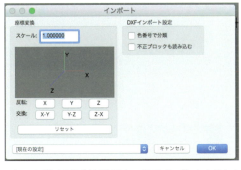

スケール:「1」の場合は同じスケールでインポートされます
反転:指定した座標軸を反転します。例えば「X」を選択すると、左右が逆になります
交換:指定した座標軸が入れ替わります。例えば「X-Y」を選択すると、X軸とY軸が逆になります

Shadeにインポートされた結果

STEP 3

「ブラウザ」を見てみると、レイヤーがそのままパートに分かれています。

STEP 4

読み込んだCADデータは下図として使うので、レンダリングされないように設定しておきます。読み込んだパートに名前を付ける際に、名前の前に半角で「#」を入れると、レンダリングの対象から除外されます。ここでは「#ガイドライン」と名前を付けました。

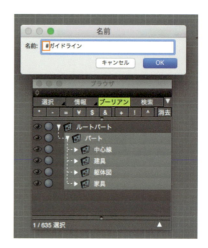

TIPS

ブーリアン記号の利用

ブラウザで形状の名前の前に半角で以下の記号（ブーリアン記号）をつけると、レンダリング時に図のような効果を出すことができます。ブーリアン記号は、実際に形状に対して編集を行うものではなく、Shade上でのレンダリング時のみに有効となります。

* ＊：接した形状に穴を開ける
* ＋：「＊」の影響を受けないようにする

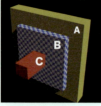
形状の名前：A,B,C

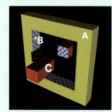
形状の名前：A,＊B,C →
Bの形状で穴があく

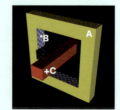
形状の名前：A,＊B,＋C →
Bの影響をCは受けない

9-4 建築モデリングの基礎

簡単な住宅の例をモデリングしながら、建築特有のモデリング法を理解しましょう。CADからインポートしたDXFファイルを利用して、モデリングを進めます。モデリングの時は「スナップ機能」が重要になります。正確に形状を移動・複製する時は「数値入力」を使います。また点景として配置される樹木は「トリムマッピング」を使い、データが重くならないようにします。

〉〉〉〉〉〉〉〉 敷地の作成

1FL（Y=0）を基準高とします。「正面図」で「Y=-300」の位置をクリックし、ツールボックスの「長方形」を使って、「上面図」で適宜敷地を作成します。

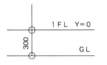

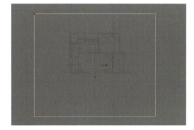

「上面図」で敷地を作成する

「ブラウザ」に新しく「敷地」というパートを作り、できた形状をその中に入れます。以降は同様に、形状が作成されるたびに部位別にパート分けをしていきます。

TIPS

スナップの利用

スナップさせたい形状をあらかじめ選択しておき、「選択形状のみ」ボタンをクリックすると、選択した形状にのみカーソルをスナップさせることができます。ver.16からは、グリッドへのスナップと形状へのスナップが同時に使えるようになりました。

グリッドへのスナップ
オブジェクトスナップ

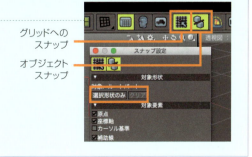

319

基礎を作る

STEP 1

「コントロールバー」にある「オブジェクトスナップ」をオンにして、「ガイドライン」パートの「躯体図」のみを表示させたら、「上画面」で躯体のコーナーにスナップさせながら、基礎の外形を「閉じた線形状」でトレースします。スナップすると、図のような表示が出ます。

トレースしたら、「ブラウザ」に「基礎」というパートを作り、できた形状をその中に入れます。

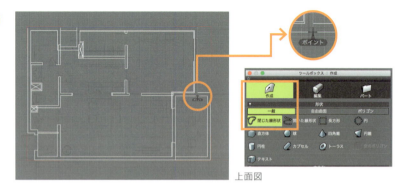

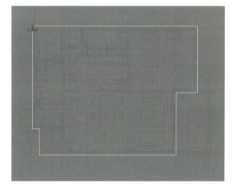
上面図

上面図

STEP 2

トレースした基礎の外形を掃引して厚みを付けていきます。「正面図」で基礎の閉じた線形状を選択したら、ツールボックスから「立体化」→「掃引体」を選択し「-300」立体化します。画面上でドラッグしても掃引できますが、正確に掃引したい場合は画面上で適当なサイズに掃引し、「形状情報」ウインドウで正しい数値に修正します。

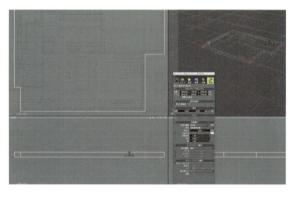

〉〉〉〉〉〉〉〉 外壁面のモデリング

STEP 1

外壁と内壁は仕上げが異なる場合が多いので、内外別々にモデリングします。外壁は基礎の作成時と同様、躯体にスナップさせながら「閉じた線形状」でトレースしていくのですが、スナップしづらい時は、適宜補助線を作成して利用します。できるだけ画面の表示を拡大すると、トレース作業がしやすくなります。ブラウザで「外壁」というパートをつくり、できた形状を入れます。

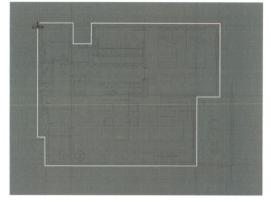

トレースした状態（上面図）

ブラウザ

「正面図」で「2400」の高さに掃引します。

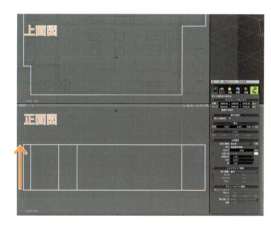

STEP 2

できた外壁の形状をポリゴンメッシュにいったん変換します。「ツールパラメータ」の「ポリゴンメッシュに変換」をクリックします。

321

STEP 3

さらに「ツールパラメータ」で「線形状に変換」を選択します。これで面が別々の形状になりました。

各面が別々の形状になる

STEP 4

あとで表面材質を設定する関係で、壁のマッピングの投影方向でXパートとYパートに図形を分けます。

Xパート

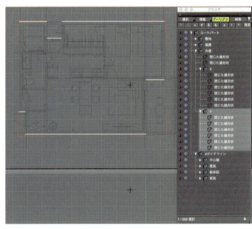

Yパート

STEP 5

XパートとYパートに入らなかった部分は、外壁の上面と下面の形状です。これは不要なので削除します。

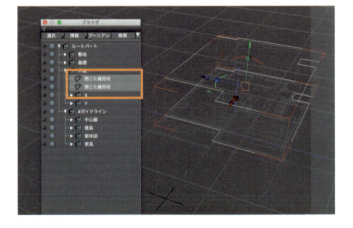

〉〉〉〉〉〉〉〉 外壁上部と屋根のモデリング

STEP 1

三角形状の壁面は「正面図」または「右面図」から入力した方が楽なので、CADの立面図のDXFファイルを読み込んで、三角形状の外壁上部と屋根のモデリングを行います。まずは原点を移動し、不要な情報を整理して、CADからDXFファイルとして取り出します。

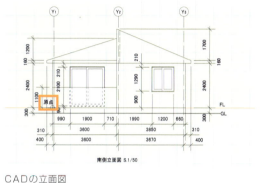

CADの立面図　　　　　　　　　　　　　　　整理された立面図

STEP 2

Shadeで立面図のDXFファイルをインポートします。

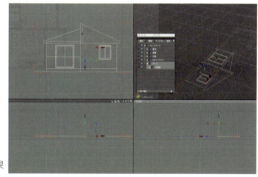

インポート結果

STEP 3

「立面図」パートを展開したら、地盤の線は不要なので選択して消去します。

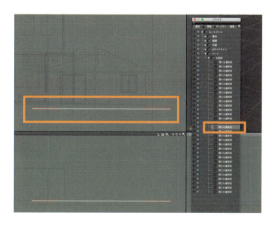

STEP 4

Shade上で「右面図」から入力できるようにするために、取り込んだ立面図の座標を回転させます。立面図のパートを選択して、ツールボックスの「移動」→「数値入力」アイコンをクリックします。回転の軸にしたい原点（0.0.0）をクリックすると数値入力用の「トランスフォーメーション」ダイアログボックスが表示されるので、「回転：X＝90、Y＝90」を入力して「OK」をクリックします。

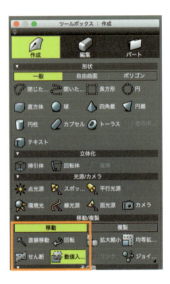

立面図が回転して側面に起きたら、ブラウザで「立面図」のパートを「ガイドライン」のパートに入れます。

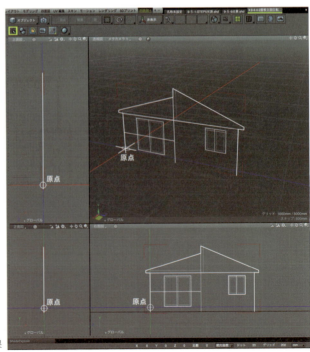

立面図を回転した結果

STEP 5

次に立面図をトレースします。屋根の形状を、「右面図」でスナップして、「閉じた線形状」でトレースします。

南側壁上部　　　　　中央壁上部　　　　北側壁上部

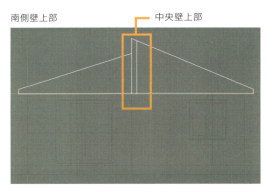
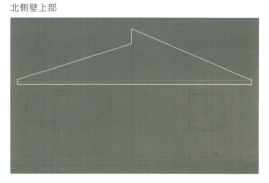

屋根

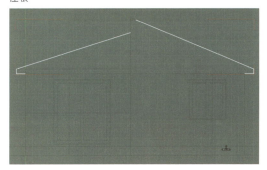

同様に、庇の形状もトレースします。トレースしたら、それぞれの形状を掃引して厚みを付けましょう。今回は以下の数値で立体化しました。

南側庇　　　　　　　　　　　　　　北側庇

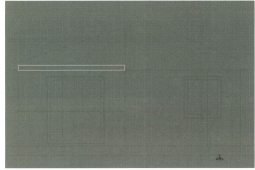

壁厚	180
南側庇	2000
北側庇	1600
屋根東側	9450
屋根西側	8200
中央壁上部	9630

STEP 6

できた形状を、図を参考に適切な位置に移動します。レンダリングしてみると図のような結果になりました。屋根の上部は形状を認識しやすいように仮で色を付けています。

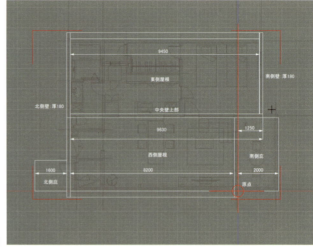

上面図

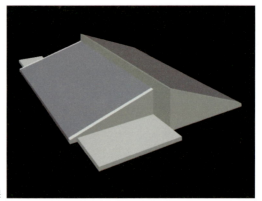

レンダリング結果

⟫⟫⟫⟫⟫⟫⟫ バルコニーのモデリング

STEP 1

これまでと同じような作業となりますが、まず躯体にスナップして、「上面図」でバルコニーの壁を「閉じた線形状」でトレースします。

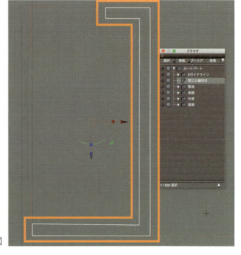

上面図

STEP 2

「正面図」から上方へ「1100」掃引して立体化したら、「ブラウザ」に「バルコニー」というパートを作り、そこにできた形状を入れます。

STEP 3

バルコニーのスラブ（床）を作ります。バルコニー部分の躯体にスナップしながら、「上面図」で「閉じた線形状」を使ってトレースします。「正面図」で下方に「150」掃引し、「100」下へ移動します。

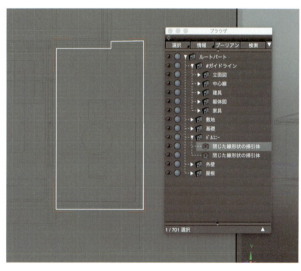

上面図

STEP 4

同様に北側にある玄関ポーチの床も作成します。上方へ「200」掃引し、厚みを付けました。

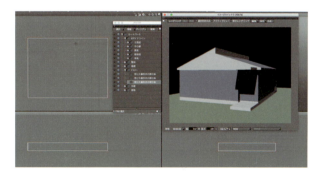

〉〉〉〉〉〉〉〉 部屋のモデリング

STEP

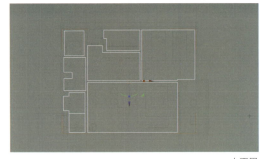
上面図

各部屋ごとに床・壁・天井を作成します。「上面図」で、ガイドラインの躯体にスナップしながら、各室の内側の形状を「閉じた線形状」でトレースします。

「ブラウザ」に各室のパートをつくり、できた形状をその中に入れます。

STEP

「正面図」で、部屋ごとに天井高まで掃引します。
今回天井高までは以下の数値となります。

リビング・ダイニング	2400	玄関	2200
キッチン	2300	玄関土間	2250
寝室	2400	洗面	2200
クローゼット	2300	浴室(ユニットバス)	2160

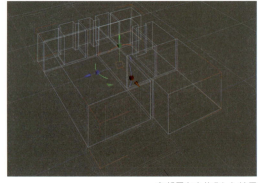
各部屋を立体化した結果

STEP 3

各部屋の形状を一度「ポリゴンメッシュに変換」し、その後「線形状に変換」を適用して面を別々の形状に分けます。これで各部位ごとの形状に分かれました(床、壁の各面、天井)。

STEP 4

玄関は土間とホールの2つの空間から構成されているので、壁を調整していきます。まず、重なっている2つの空間のうち、ホール側の壁を削除します。

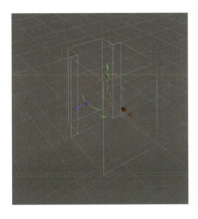

削除　　　ホール側の壁を削除

STEP 5

土間の天井の高さを合わせるために、土間の空間を下方に「50」移動します。

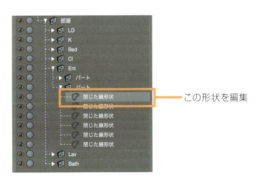

この形状を編集

界壁の高さを框の高さに編集し、1つの空間とします。「サイズ:2250→50」「位置:1075→-25」に変更しました。

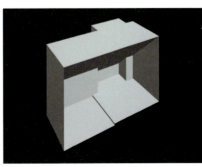

玄関と土間を一体化した結果

開口部のモデリング

STEP 1

CADデータに合わせてShade上でリビングの掃き出し窓のモデリングをしていきます。

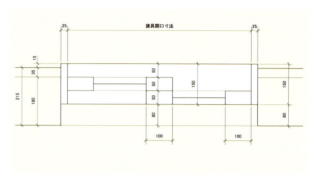

建具寸法（引き違い窓）

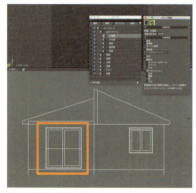

Shade上の開口部

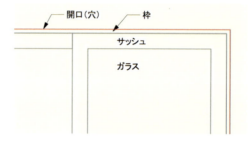

窓の構成

まず、立面図にスナップして、窓を作りたい外壁の開口の形状を「閉じた線形状」でトレースします。

次に掃引して、開口に厚みを付けます。内側の壁の仕上げを含む壁厚「215」よりも厚くする必要があるので、ここでは「300」掃引しました。

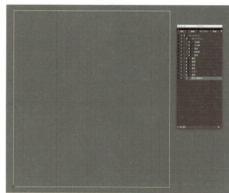

右面図

STEP 2

後で確実に穴をあけるため、開口形状の位置を壁と揃えないようにします。開口部形状をX方向に「50」移動させました。

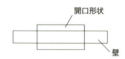

開口形状をX方向に「50」移動

STEP 3

開口形状の名前の先頭にブーリアン記号「*」を半角で入力します。この記号は「差」が適用される記号となり、「*」を付けた形状と重なっている形状を削り取ります。レンダリングしてみると、開口形状で壁に穴があきました。

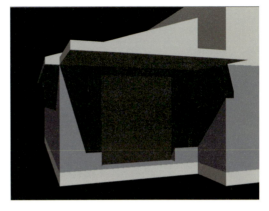

〉〉〉〉〉〉〉〉 サッシュ枠のモデリング

STEP 1

立面図からサッシュの枠をトレースします。トレースする時は一筆書きで、図の1〜12の順で書きます。さらにできた形状を掃引「150」で厚みを付けます。

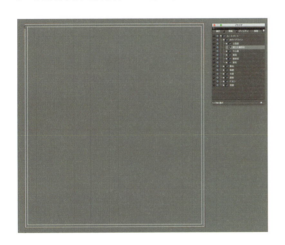

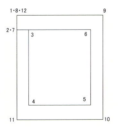

STEP 2

作成したサッシ枠を壁の内側へ「80」移動します。これで開口部の内側に枠が付いたことになります。

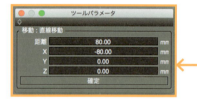

STEP 3

この状態のままだと、先ほど壁に穴をあけた開口形状の影響を受けてしまうので、枠の名前の前にブーリアン記号「+」を半角で入力します。これは、ブーリアン記号「*」の影響を打ち消す効果があります。

STEP 4

レンダリングしてみると、開口部内側にきちんとサッシ枠が付いているのがわかります。

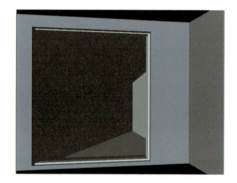

サッシのモデリング

STEP 1

続いて、サッシ枠に合わせてサッシ自体をモデリングしていきましょう。今までの作業同様、立面図からサッシ部分を一筆書きでトレースしたら、「50」掃引して厚みを付けます。後ほど複製するので、ここではまず1枚分のみ作っていきます。

サッシのトレース

厚みを付ける

STEP 2

サッシュ枠の位置と合うように、内側に「80」移動します。レンダリングするとサッシュが完成しているのがわかります。まだ周りの部分のみなので、ガラス部分を作成していきましょう。

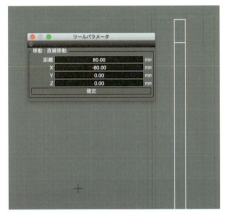

内側に移動

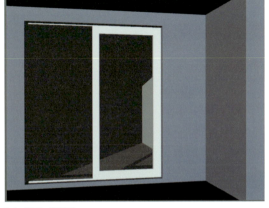

レンダリング結果

〉〉〉〉〉〉〉〉 ガラスのモデリング

STEP 1

サッシュの内側にガラス窓をモデリングしてはめ込みます。立面図から窓ガラス部分をトレースしましょう。

右面図

STEP 2

サッシュの中央部分に収まるように、内側へ「105」移動します。

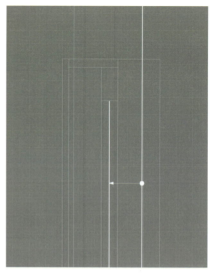

上面図

STEP 3

「表面材質」ウインドウの「基本設定」で「透明」や「屈折」に数値を入力し、ガラスの質感を加えます。ここではわかりやすいよう緑色のガラスにしてみました。ガラスの質感の表現方法についてはChapter3-5で詳しく説明しています。

表面材質設定

レンダリング結果。質感が分かりやすいよう、室内に仮の点光源を配置しています

〉〉〉〉〉〉〉 サッシュを複製して2枚目を作る

STEP 1

先ほど作成したサッシュを反転コピーすることで掃き出し窓を仕上げます。ツールボックスの「移動/複製」→「複製」を選択し、「数値入力」アイコンをクリックします。

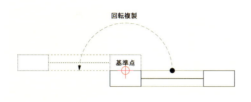

STEP 2

図面上で反転の基準点をクリックします。表示される「トランスフォーメーション」ダイアログボックスの「回転：Y＝180」を入力して「OK」をクリックします。

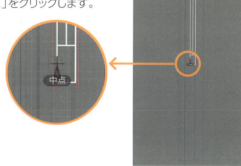

STEP 3

先ほどクリックした基準点を中心として、サッシュが180度回転して複製されました。

レンダリング結果

回転複製結果（上面図）

STEP 4

今までの作業を繰り返し、同様に寝室の窓もモデリングします。W：1200×H1290のサイズで、FLより900上に作成しました。完成したら、カメラのアングルを設定してレンダリングしましょう。南側を正面として、屋根の形状がわかるように西側壁面を少し見せます。ポイントは「あおり補正」を利用することです。

寝室窓のモデリング
（右面図）

レンダリング結果

》》》》》》》 材質の設定

モデリングが完成したら各部位に材質を設定し、より現実感を出します。今回は主にShadeExplorerにあらかじめ登録されている表面材質を使用してみました（基礎のコンクリートのみオリジナル画像を使用）。ShadeExplorerについては115ページで詳しく説明しています。「表面材質」の設定では、特に「反復回数」を素材の大きさに合わせて調整していきます。外壁はイメージの「投影」を、壁の方向によって「X」、「Y」の2種、さらに開口部の小口用に「ボックス」を用意して貼り付けています。同じ素材で複数ある形状には「マスターサーフェス」を利用すると便利です。

「X」、「Y」、「ボックス」の3種類を用意

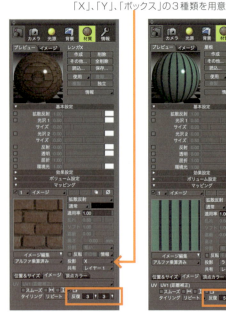

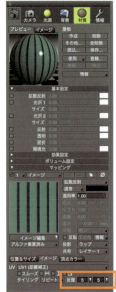

敷地　　　　　　基礎　　　　　　外壁　　　　　　屋根

ShadeExplorer

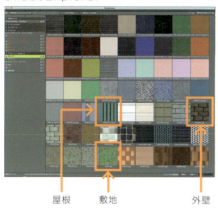

敷地:grass.jpg
屋根:other07_pic.jpg
外壁:brick03.jpg

屋根　敷地　外壁

〉〉〉〉〉〉〉〉 点景の配置

STEP 1

敷地内に草木などの点景を配置して、さらに仕上げていきます。ここでは、点景用にあらかじめ用意した樹木のイメージを、適当なサイズの「閉じた線形状」にトリムマッピングして使います。レンダリングを繰り返しながら、樹木の適切な配置を決めていきます。「トリムマッピング」の方法は、Chapter3-8で詳しく解説しています。

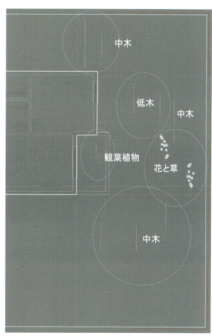

樹木の配置例

使用した樹木のイメージ

中木A　　　　　　　中木B

低木

337

STEP 2

草花は、ShadeExplorerに登録されている形状を使いました。図のように同じものを繰り返し使う場合は、不自然にならないように向きや高さに変化を付けます。

花:iris_b.shd
草:waterweed_mori12.shd

〉〉〉〉〉〉〉〉 背景の設定

「背景」ウインドウのパターンを使って、背景を設定していきます。背景の設定方法についてはChapter6も合わせて参考にしてください。今回は「上半球」に「空」のパターンを、「下半球」には「海」のパターンを設定しました。「海」のパターンに緑色を付けることで、芝のような質感に見せています。

上半球

下半球

レンダリング結果

光源の調整をしてレンダリング

STEP 1

正面と側面の明るさの対比や、影の付き方を考慮して「無限遠光源」を調整します。ここでは正面やや左上に設定しました。

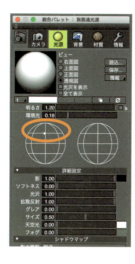

STEP 2

次にレンダリングの設定をしていきます。以下のような設定にして、レンダリングを行いました。

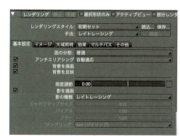

基本設定タブ

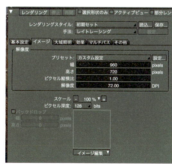

イメージタブ

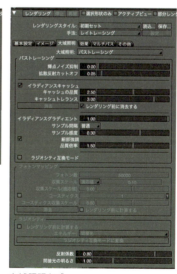

大域照明タブ

レンダリング結果

9-5 インテリアモデリングの基礎

住宅のリビング・ダイニングを例に、インテリアのモデリングを練習してみましょう。ここでもＣＡＤ図面のＤＸＦファイルが役立ちます。展開図を読み込んで、壁面に開口を作ったり、カーテンボックスのモデリングに利用します。インテリア特有の表現としては、巾木のモデリングに「記憶・掃引」を使うことや、ブラインドのモデリングで、形状の複製に「繰り返し」を使うこと、点景として配置する観葉植物に、外観と同様「トリムマッピング」を使っていることなどです。

〉〉〉〉〉〉〉〉 リビング・ダイニングの図面を取り込む

STEP 1

壁面の開口を作成する時、ＣＡＤで作成した展開図をトレースすると作業が楽なので、ＤＸＦ形式で書き出してShadeに取り込むことにします。次に「ブラウザ」上で部屋ごとに形状を天井、床、壁に分類します。

STEP 2

後の作業がスムーズに行くように、ＣＡＤで座標の原点を移動し、不要なレイヤを非表示にした状態でＤＸＦファイルをエクスポートしたら、Shadeに取り込みます。

ＬＤの東側の展開図

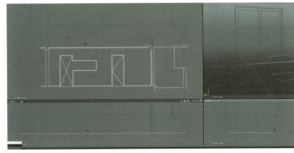

展開図を取り込んだ結果

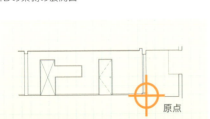

不要なレイヤを非表示にする

STEP 3

このままでは使えないので、「正面図」に向くように展開図を回転します。ツールボックスの「移動」→「数値入力」アイコンをクリックします。展開図の原点をクリックすると、「トランスフォーメーション」ダイアログボックスが表示されるので、「回転：X=90」を入力して「OK」をクリックします。

STEP 4

さらにトレースしやすいように、展開図を東側の壁の位置に移動します。同じく「移動」→「数値入力」のアイコンをクリックし、表示される「トランスフォーメーション」ダイアログボックスで「直線移動：Z=-3630」と入力して「OK」をクリックします。

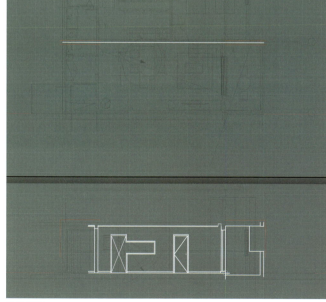

上面図

正面図

移動結果

構図を作る

STEP 1

カメラを使ってパースのアングルを決めます。ここでは南側の壁を正面とし、西側の壁をちらっと見せ、東側の壁をよく見せる三面構図にしています。ダイナミックな構図にするため、平行透視にしないところがポイントです（カメラの構図の作り方についてはChapter4で詳しく解説しています）。

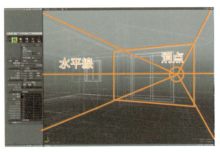

「あおり補正」を「1.0」に設定

その設定でレンダリングした結果

STEP 2

レンダリングした時に雰囲気がわかりやすよう、仮の光源（スポットライト）を2つ、東側の壁面に向けて配置しておきます。

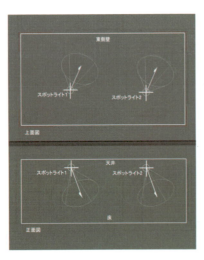

レンダリング結果

〉〉〉〉〉〉〉〉 床・壁・天井の材質設定

インテリアをシックなイメージにまとめることとします。ShadeExplorerのイメージを使って材質を設定します。主に「反復回数」を設定していきます。素材は以下のものを使用しました。

天井・壁：　　wallpaper_pic_blue.bmp
西側壁他：　　other02_pic.jpg
床：　　　　　other03_pic.jpg
椅子布地：　　knitting_wool_pic.bmp
テーブルクロス：other06_pic.jpg

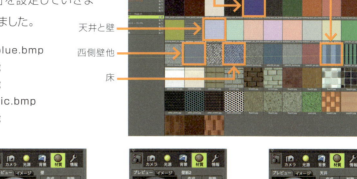

家具（ダイニングチェアの布地）　点景（テーブルクロス）
天井と壁
西側壁他
床

床

壁

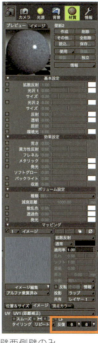
壁西側壁のみ

天井

レンダリングしてみると、図のようになりました。部屋の雰囲気が出てきました。

レンダリング結果

343

〉〉〉〉〉〉〉〉 開口のモデリング

STEP 1

展開図をトレースして、壁面に開口を作り、隣の部屋とつなげていきます。展開図にスナップさせられるように、「スナップ設定」ウインドウの「選択形状のみ」ボタンをクリックします。

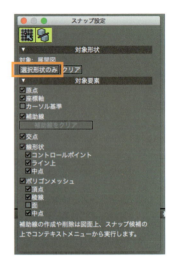

STEP 2

展開図にスナップしながら、開口させたい部分を「閉じた線形状」でトレースします。

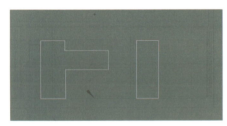 開口部のトレース

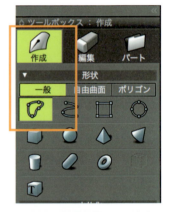

トレースした開口部を「200」掃引して厚みを付けます。
この形状で壁をくり抜くことになります。

STEP 3

開口の形状を、壁に重なるように手前に移動します。「移動」の「数値入力」アイコンをクリックし、「トランスフォーメーション」ダイアログボックスで「直線移動:Z=50」と入力し「OK」をクリックします。

壁面に穴（開口）を開けるために、名前の前にブーリアン記号「*」を半角で入れます。

リビング・ダイニングの壁に開口部ができました。

〉〉〉〉〉〉〉〉 枠のモデリング

STEP 1

開口部に枠を付けていきましょう。展開図から枠の形状をトレースします。そこから厚みをもたせるために「150」掃引します。

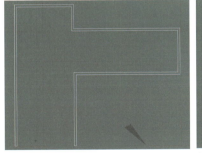

キッチンの開口部

寝室の開口部（ドア）

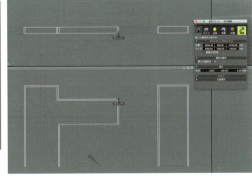

STEP 2

壁面よりも「15」手前に出るように移動します。「トランスフォーメーション」ダイアログボックスで「直線移動:Z=15」に設定し「OK」をクリックします。これで枠部分の完成です。

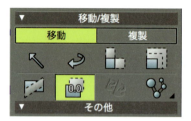 

〉〉〉〉〉〉〉〉 カウンターのモデリング

STEP 1

「ガイドライン」パートの「家具」のカウンターの形状を、「上面図」からトレースします。厚みを付けるために「30」掃引したら、カウンターを床より上端「1000」の位置へ移動します。この時、開口「*」の影響を受けないようにするために、枠およびカウンターのパート名にブーリアン記号「+」を付けました。

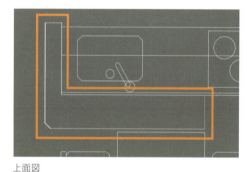

上面図

レンダリング結果

STEP 2

これで開口とカウンターが完成しました。

レンダリング結果

〉〉〉〉〉〉〉〉 カーテンボックスのモデリング

STEP 1

展開図を使って、窓の上部にカーテンボックスを作ります。「正面図」で展開図にスナップしながら、カーテンボックスの断面を「開いた線形状」でトレースします。

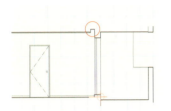

カーテンボックスの展開図

カーテンボックスの断面をトレース

STEP 2

南側の壁幅いっぱいに引き伸ばしたいので、カーテンボックスの断面を「-3450」掃引します。

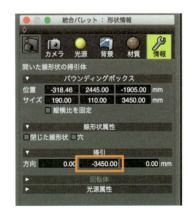

STEP 3

できた形状を「カーテンボックス」パートに入れます。カーテンボックスと天井が重なっているので、コントロールバーの編集モードを「形状編集」モードにして、天井部分の線形状を調整します。

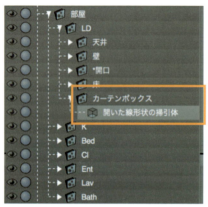

「開いた線形状」を「カーテンボックス」
パートに移動

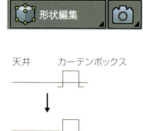

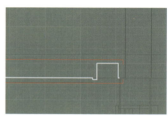

線形状の調整後

レンダリングしてみると、天井面にカーテンボックスが確認できます。

巾木のモデリング

STEP 1

次に、「記憶・掃引」を使いながら巾木をモデリングしていきましょう。「記憶・掃引」はパイプ形状などを作る時に便利なモデリングの手法です（詳細はChapter2-11で解説しています）。まずは「躯体図」にスナップを設定します。

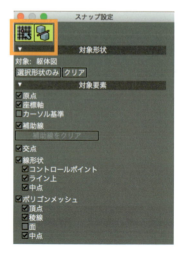

STEP 2

図面の躯体にスナップして、巾木を作成したい部分を「開いた形状」でトレースします。この形状を「記憶」させて、軌跡線として使います。

上面図
始点
終点

STEP 3

次に、掃引する形状（巾木の断面）を、STEP2で描いた、記憶させるラインの始点に作成します。

巾木の断面

拡大

始点部分に断面を作成

STEP 4

STEP2で描いた線形状を「記憶」させ、断面形状を「掃引」します。これで、記憶した線形状をなぞる形で巾木の断面が掃引され、部屋を囲むように巾木が作成されました。

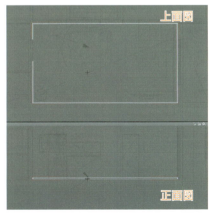

「記憶・掃引」した結果

レンダリング結果

349

ブラインドのモデリング

STEP 1

窓にブラインドを作成します。基本の形状を作成後、複製して並べる方法を用います。まずはブラインドのスラットを、「長方形」で作成します。今回は「幅:80」「高さ:2400」で作りました。

STEP 2

ブラインドを少しあけた状態を表現したかったので、「移動/複製」→「移動」→「回転」で適当な角度に回転しました。

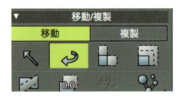

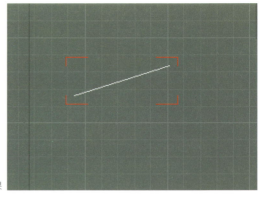

回転した結果

STEP 3

作成したスラットを複製して、ブラインドを仕上げていきます。間隔を「80」あけ、複製を「25」回繰り返すように設定しました。

①「複製」の「数値入力」アイコンをクリック

②「トランスフォーメーション」ダイアログで間隔を入力

③コントロールバーから「繰り返し」を選択

④表示されたダイアログに繰り返したい回数を入力

これでブラインドも完成です。レンダリングすると図のようになりました。

上面図

正面図（天井面）

正面図（床面）

レンダリング結果

》》》》》》》》 家具の配置

ガイドラインの家具を参考に、あらかじめ用意した家具をインポートして配置し、インテリアを仕上げていきます。

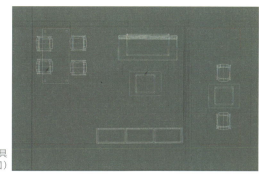
配置された家具
（上面図）

💡 T I P S

反転コピーで配置する

ダイニングチェアの配置などのように、向かい合った形でオブジェクトを正確に配置する時は「反転コピー」を使うと便利です。ツールボックスの「移動/複製」から「複製」→「数値入力」アイコンをクリック。図面上で反転の基点をクリックしたら、表示される「トランスフォーメーション」ダイアログボックスで、反転する軸（今回はX軸）の「拡大縮小」に「-1」を入力します。

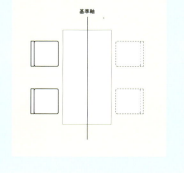

家具のモデルにもShadeExplorerで材質を設定しました（設定した材質は343ページ「床・壁・天井の材質設定」を参照）。

リビングテーブル

TVボード

インテリアのレンダリング結果

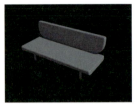
ソファ

ダイニングチェア

ダイニングテーブル

照明器具の配置と光源の設定

STEP **1**

家具と同様に、あらかじめ作成しておいた照明器具を配置します。

フロアスタンド

ダウンライト

レンダリング結果

ブラケット

ペンダント

STEP 2

それぞれの照明器具に対応して光源を配置します。構図決めの時にあらかじめ配置しておいた2つのスポットライトは、補助光源として生かします。それぞれのライトには以下の光源を設定しました。

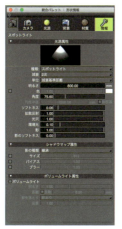

ペンダント用光源。スポットライトで、ダイニングテーブルの上に下向きで1カ所配置しました

ブラケット用光源。スポットライトで、上向きに2カ所配置しました

ダウンライト用光源。スポットライトで、6カ所配置しました

フロアスタンド用光源。点光源で、1カ所配置しました

補助光源A
部屋の雰囲気を盛り上げる補助光源。スポットライトで、このように設定しなおしました

補助光源B

これですべてのライトに光源を配置することができました。結果は図の通りです。

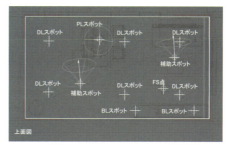

光源の配置状況

レンダリング結果

〉〉〉〉〉〉〉〉 点景の配置

STEP

仕上げとして、あらかじめ用意しておいた小物類や追加の家具を点景として配置します。観葉植物は、外観と同様にトリムマッピングを利用して配置しました。

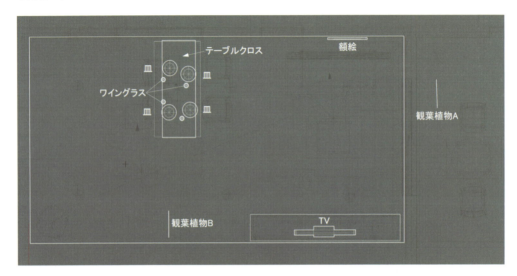

ＴＶ

テーブルクロス

ワイングラス

皿

額絵

観葉植物A

観葉植物B

STEP 2

アイテムが多くなったので、図のようにアイテム別に「ブラウザ」内を整理しました。

》》》》》》》 レンダリングの設定

細部まで作り終えたら、最後にレンダリングをしてみましょう。レンダリングの詳細についてはChapter7で詳しく解説しています。本章では以下のような設定でレンダリングをしました。

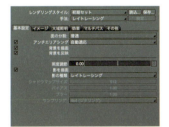

基本設定タブの設定

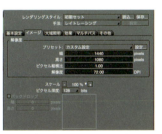

イメージタブの設定。必要に応じて、レンダリングするサイズを決めます

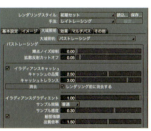

大域照明タブの設定。ここでは「大域照明：パストレーシング」を選択しています

レンダリング結果

INDEX

[数字]

3Dプリント…008
3次元カーソル…032、038
90度回転…145

[欧文]

AutoCAD…315
DXF…310、317、319
HDRI…223
IBL…223、259
IKエンドを形状化する…308
LSCM…150
n次レイ…231
ShadeExplorer…226、338、342
UV編集…149
UVマッピング…149
Vectorworks…314
Z値…231、261

[50音]

アイソメ図…182
アイロン…041
あおり補正…181、336
アクティブビュー…235
アニメーション…276
荒さ…117、264
アルファチャンネル…138、229
アルファ透明…138
アルミ…111
アンスムーズポイント…41
アンチエリアシング…244

一点に収束…073、076
移動／複製…026
異方性反射…118
イメージウインドウ…023、234
イラディアンスキャッシュ…250、270
イラディアンスグラディエント…253
色補正…248、268

上半球基本色…211
ウォーク…018、170
ウォークスルーアニメーション…290、304

エイムコンストレインツ ターゲット…304、308
エッジ…077、085
円…043
円属性…043、061
円柱UV…151

お

オイラー角…286、301
オーガナイザー…312
オートキー…279、287
オブジェクトモード…038
親子関係…021
親パート…020、236

か

カーソル座標に設定…133、140
回転…024
回転ジョイント…282
回転体…034、044
拡散反射…095、159
拡散反射カットオフ…251
拡大縮小…024
拡大縮小ジョイント…296
影を描画…246
傾き…182
角の丸め…076
カメラ移動…306
カメラウインドウ…016
カラーボックス…093
ガラス…114、334
環境設定…012
環境光…189
間接光の明るさ…257
ガンマ…248

キーフレーム…283
記憶…080、082、348
輝点ノイズ抑制…251
基本設定…093
逆転…147
キャッシュトレランス…252
キャッシュの品質…251
キャラクターアニメーション…293
球UV…151
キューブマップ…222
共有…125
魚眼レンズ…258

切り換え…065
金属…107、117
均等拡大縮小…028
均等拡大縮小ジョイント…285

く
グラデーション…138、156
繰り返し…026、053、144、
　283、350
グリッド…034
グレア…220
グローバル座標…033
クロームメッキ…107、110

け
形状情報…043
形状編集モード…038、066
ゲイン…248
減衰距離…162

こ
効果設定…093
光源ジョイント…289
光源方向設定半球…191
合成ボタン…239
光沢…105
コースティクス…255、256
コーナー…284
子パート…021
コントラスト…248
コントロールバー…010、015
コントロールポイント…037、
　063、175

さ
サーフェスリプリケータ…292
サイズタブ…133
細部強調…254
作業平面コントローラ…031
作業平面…030
座標…030
サブサーフェススキャタリング…
　115、162
サブディビジョンサーフェス…242
左右反転…145
サンプル間隔…253
サンプル感度…253

し
シーケンス…279
シームレス…134
シェーディング…011
シェーディング＋ワイヤーフレーム
　…011
軸拡大縮小…025
視線追跡レベル…262
下半球基本色…212
視点…017、166
視点＆注視点…108、168
シャドウキャッチャー…227
自由曲面…021、063
自由曲面に変換…067
収差…116
収差に波長を反映…116
収集スケール…256
ジョイスティック…106
ジョイント…280
上下反転…145

消失点…182
焦点…183
使用ボタン…102
正面図…009、192
上面図…009、192
シワの表現…137

す
スイッチジョイント…291
数値入力…319
ズーム…010、018、169
スキン…008
スクリーン移動…024
スクロール…010
図形ウインドウ…008
ステータスバー…032
スナップ…034
スポット…117、130
スポットライト…187、342
スムーズポイント…039
図面操作…012
図面の切り替え…009
図面分割コントローラ…010
スライド…179

せ
絶対座標…033
セット＆運動…177
線光源…188
選択形状のみレンダリング…235

そ
掃引体…044
相対座標…033

INDEX

属性…019、117
その他…116
ソフトグロー…120
ソフトネス…194、199

た

大域照明…249
大理石…129
タイリング…134
単位ポップアップメニュー…032

ち

注視点…017、167
頂点ブレンド…295
頂点編集…288
長方形…031、042
直線移動…025
直線ジョイント…280

つ

ツールパラメータ…013、067、
　070
ツールボックス…013

て

ディスプレイスメント…131
適用率…128
テクスチャ…122
テクスチャ+ワイヤーフレーム…
　010
テクスチャのサイズを拡大…123
照度調節…246
点景…319、337
点光源…187、198

と

銅…110
トゥーンレンダラ…241
投影UV…150
投影法…224、258
透過率…138
統合パレット…013、014
統合マニピュレータ…025
透視図…009、193
透明…107、114
閉じた線形状…035
トランスフォーメーション…028、
　058
トリム…138
トリムマッピング…139、337

な

内部反射…262
ナビゲーションツール…010、
　018

の

ノイズ…194、270

は

パーティカルクロス…222、259
パート…013
背景を反映…219、245
背景を描画…219、245
ハイライト…105
バインド…288、295
パスジョイント…290
パストレーシング…241、249
パスリプリケータ…291

パターン…122、128
バックドロップ…217
バックライト…121
発光…119、120
パノラマ画像…222、224
反射…107
反射係数…257
反転コピー…335
ハンドル…037、041
バンプ…127、131
反復…144、146

ひ

ピクセル深度…248
ピクセレート…111
被写界深度…183
表示切り替え…011
表面材質…092
開いた線形状…035
開いた線形状の回転体…047

ふ

フィジカルスカイ…203、306
フィット…012
ブーリアン記号…318
フォトンマッピング…255
複製…026
復帰…049
不透明マスク…138
部分レンダリング…236
ブラー…195
ブラウザ…013
ブラックキーマスク…152、154
ブリキ…111

プリセット…247
プリミティブ形状…063
フレネル…112
プレビュー…093
プレビューレンダリング…011

へ

ヘアライン…118
平行光源…189、202
平行投影…182
平行透視…342
ベジェ曲線…063
変形ジョイント…290

ほ

方向…215
ボックス…143
ボックスUV…151
ポリゴン分割…242
ポリゴンメッシュ…090、321
ボリューム減衰距離…162
ボリューム設定…093
ボリュームレンダリング…162
ホワイトキーマスク…152

ま

マスターサーフェス…98
マッピング…122、131
マッピングスライダ…214
マニピュレータ…024
丸太…128
マルチパス…230、261

み

右面図…009、193
乱れ…128
密度…214
ミラー…134

む

無限遠光源…206

め

メタカメラ…172
メタリック…106、108
面光源…188

も

モーション…008
モーションウインドウ…279
モーションブラー…259

よ

四面図…008

ら

ライティング…186
ライトローブ…222
ラップ…124、144、159

り

立体化…044
リプリケータを実体化…291

れ

レイアウト…008
レイトレーシング…194、241

レイトレーシング（ドラフト）…201
レイヤー…125
レンズの収差…116
レンダリング…022、234
レンダリングオプション…023
レンダリングサイズ…022、217
レンダリング比較…239
レンダリング履歴…239

わ

ワークスペースセレクタ…008
ワイヤフレーム…011、149
ワイヤフレーム（陰線消去）…011、
　241

Shade3D ver.16 ガイドブック

2016 年 7 月 15 日　初版第 1 刷発行

著者：shadewriters

デザイン・DTP：VAriant Design

印刷・製本：シナノ印刷株式会社

発行人：籔内康一

発行所：株式会社ビー・エヌ・エヌ新社

　　　　〒 150-0022　東京都渋谷区恵比寿南一丁目 20 番 6 号

　　　　Fax: 03-5725-1511　E-mail: info@bnn.co.jp

　　　　URL: www.bnn.co.jp

©2016 shadewriters

Printed in Japan

ISBN 978-4-8025-1029-5

○本書の一部または全部について個人で使用するほかは、著作権上（株）ビー・エヌ・エヌ新社
　および著作権者の承諾を得ずに無断で複写、複製することは禁じられております。
○本書の内容に関するお問い合わせは弊社Webサイトから、またはお名前とご連絡先を明記
　のうえ E-mailにてご連絡ください。
○乱丁本・落丁本はお取り替えいたします。
○定価はカバーに記載されております。